3ds Max 2016

動畫設計啟示錄

序

　　"史上最大的 3ds Max"（#BiggestMaxEver），Autodesk 市場團隊這麼稱呼 3ds Max 2016 版本。除了將 Design 版本合併進來之外，提供了需多革命性、實用性的功能，例如物理攝影機（Physical Camera）、A360 雲端彩現…，並聆聽使用者的心聲，調整、新增了一些貼心的工具，使得 2016 版本的 3ds Max 於市場上主流領導的地位更無可撼動。

　　本書除了介紹並引領讀者進入 3D 的數位殿堂外，更於實例中將製作的重點、技巧傳授與讀者。

　　「學會」是基礎，「入微」才是境界的提升，筆者與各位讀者共勉之。

目錄

Chapter **03** 基礎建模

Chapter **04** 2D Shape 與模型製作

Chapter **05** Loft 建模

Chapter **06** Mesh 建模

Chapter **07** 綜合建模

Chapter **08** 基礎材質

Chapter **09** 進階材質

Chapter **10** 攝影機

Chapter **11** 基礎燈光

Chapter **12** 進階燈光（一）

Chapter **15** 動畫編輯

Chapter **16** 動畫輸出

CHAPTER

01

總論與基本操作

I-I 動畫製作流程

在本章節,您將學到下列內容:

✓ 動畫製作的流程

1-1-1 動畫製作的基本流程

1. 製作一段動畫影片並不像我們想像的那麼容易,除了動畫製作部分外,還需要耗費大量的前製、後製的時間,其基本的流程如下圖:

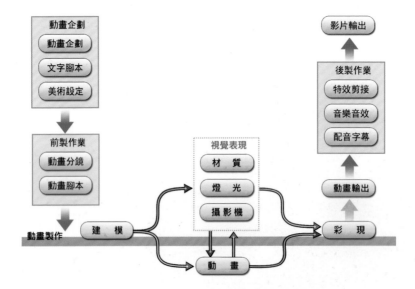

2. 這僅是大部分產業的製作流程;依照不同的產業會有不同的調整,例如遊戲影視產業走的是紅色箭頭的流程,而建築室內設計產業就會走藍色箭頭的流程,原則上如此,但實際上還是會因為案件本身的特性、公司慣用的作業流程而有所變動。

3. 在本書中,我們將以藍色箭頭的流程來做說明介紹,將較為複雜的動畫部分放在材質、燈光、攝影機章節之後。以下我們以 3ds Max 的動畫製作流程來作大略的說明。

a. 　建　模　：顧名思義就是「建立模型」，建立模型的方法有很多，最主要的有以下三種。

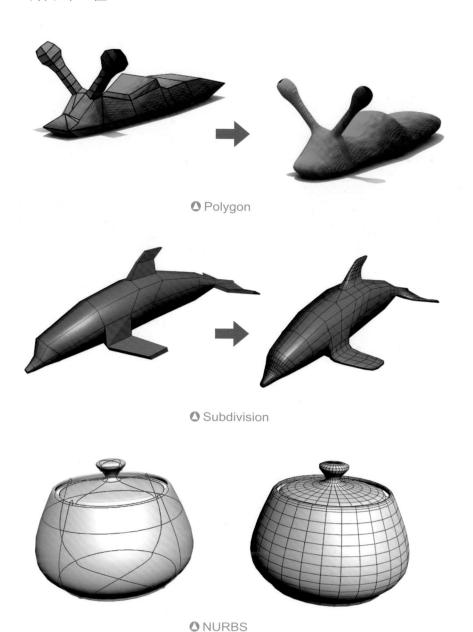

⬢ Polygon

⬢ Subdivision

⬢ NURBS

b. 　材質　：材質、燈光、攝影機三者的順序是不一定的，通常需要在三者間不斷的作循環的調整。

材質決定了模型的質感，同樣一個模型但是套用不同的材質就會有不一樣的質感，材質是很複雜也很重要的一環，如果建模花了您 10 個小時的時間，建議您也花 10 個小時來調整材質！

📣 SUGGESTION 重點提示

Photoshop 是學 3D 的人所必備的技能喔！因為您手頭上的貼圖圖片不可能完全符合您的需求，這時就需要用它來修飾一下！

c. 　燈光　：「光」摸不到也碰不著，我們沒有辦法像對模型一樣直覺的去調整它，也無法像對材質一樣看不順眼就換一張貼圖。要把場景適當的照亮需要不斷的調整光的強度、方向、距離、顏色，還要非常有耐心的對場景彩現，不斷的在「調整」、「彩現」、「觀察」間來回的動作。

除此之外，燈光也決定了場景的氣氛；陰森的暗藍色燈光、愉悅的七彩燈光、烈日當空的陽光、柔和灑下的月光…所有場景的情緒都是靠著燈光來達成。

d. 攝影機 ：攝影機的運動就是我們常聽到的「運鏡」，就是「讓鏡頭說話」。有的人運鏡運得好，故事說得很流暢，觀眾看得津津有味；有的人運鏡運得差，故事說得顛三倒四，觀眾看得一頭霧水。怎麼運鏡？多看電影，想想導演怎麼取景，怎麼連接兩個鏡頭。多看、多想是不二法門喔！

e. 動畫 ：將一連串的靜態圖片串連起來，就可以完成一段動畫，有了電腦的協助，我們可以輕易的讓我們的模型運動起來，並且可以輕易的編輯、修改。

f. 彩現 ：「Rendering」這個字我們翻譯成『彩現』，就是將「模型」加上「材質」配合「燈光」，在我們希望的視角內計算出一張張的圖片來。在彩現階段可以有很多變化，這些變化主要來自於 Rendering Engine（彩現引擎）。

Max 預設的彩現引擎有兩種，一是傳統的 Scanline Renderer（掃瞄線彩現引擎），它是以由上往下掃瞄的方式來計算，它製作的效果比較平淡，比較難表現出真實的質感。

另一種是頂尖的 NVIDIA mental ray Renderer 經由它可以彩現出細膩的質感，Max 的用戶只有羨慕得流口水的份，以往只能用外掛的方式來使用，但在近幾個版本的 3ds Max 已經內建了 NVIDIA mental ray 了，在使用上更加的簡易，不論在速度、畫質上都更加的完美了。NVIDIA mental ray 運算的方式比較特別，是以一小塊一小塊區域來計算的，當然在真正進行彩現前要作較多的設定與測試喔！

除此之外還有許許多多的協力廠商為 3ds Max 寫彩現的外掛程式，像是 Vray、Maxwell、brazil、finalRender 等都能呈現一流的彩現效果。

I-2 操作介面與視埠顯示模式

在本章節,您將學到下列內容:

- ✓ 操作介面介紹
- ✓ 認識視埠與視埠的排列設置
- ✓ 各視埠的視景切換
- ✓ 編輯模式之視埠顯示模式
- ✓ 表現模式之視埠顯示模式

1-2-1 啟動畫面介紹

1. 第一次啟動 3ds Max,會有一個「Select your initial 3ds Max experience」視窗出現,詢問您要使用 Classic 或 Design 樣版來啟動,前者提供標準物件、燈光、材質,後者則適用於大型場景的採現,提供光度學燈光與材質。但這兩者檔案是可以互通的,本書將使用 Classic 為預設的操作環境。

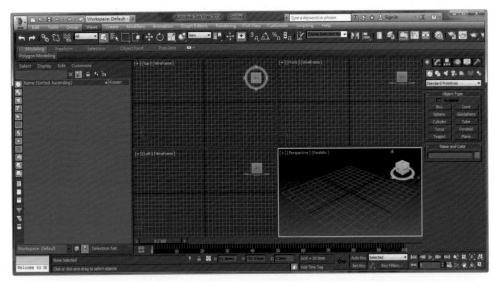

⬥ Classic 樣版

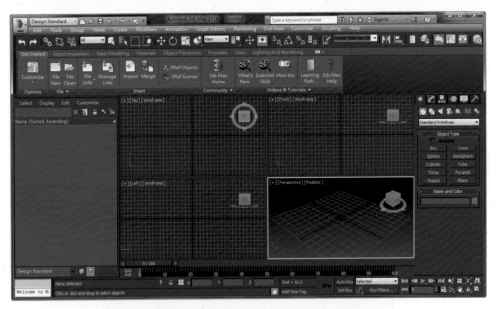

⬥ Design 樣版

⫶ TIPS 小技巧

由 2016 版本起，Autodesk 不再提供 3ds Max Design 版本，將之併入 3ds Max 2016 版本內。

2. 每次啟動 3ds Max 都會跳出如下圖的歡迎畫面（Welcome Screen），提供了三個功能：Learn、Start、Extend。

a. **Learn**：提供簡易的線上視訊教學

b. **Start**：Recent Files 區記錄了最近編輯的場景，提供您點選以快速載入場景；Start-up Templates 區則提供了數個 3ds Max 的範例場景

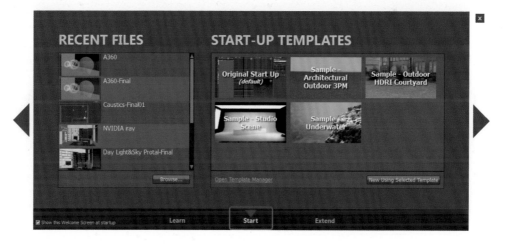

c. **Extend**：延伸功能區，包括連結到 Autodesk Exchange、Autodesk A360、Autodesk Animation Store 網站的捷徑。

d. 您也可以點擊視窗右上角的『x』按鈕將之關閉，也可以取消左下角的「Show the Welcome Screen at startup」勾選，下次開啟 3ds Max 就不會再看到此一視窗了。

1-2-2 操作介面介紹

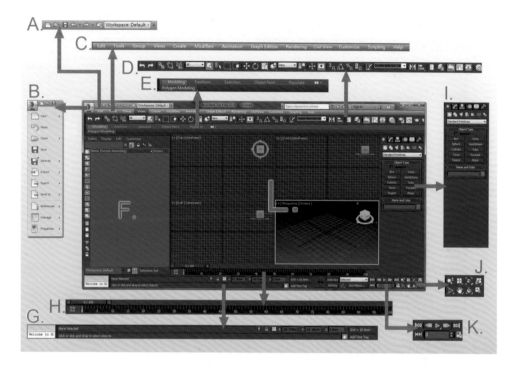

A. Quick Access Toolbar：快捷工具列

B. Application Menu：應用程式選單

C. Menu Bar：下拉選單

D. Main Toolbar：主工具列

E. The Ribbon：Ribbon 功能區

F. Scene Explorer：場景管理器（快選視窗）

G. Status Bar Controls：狀態資訊列

H. Time Slider & Time Line：時間滑桿與時間軸

I. Command Panel：命令面板

J. Viewport Navigation：視埠導覽控制器

K. Animation Playback controls：動畫播放控制器

L. Viewports：視埠區

為了避免中文翻譯上可能產生的誤解，我們將以英文原名來指稱各個介面。

認識視埠與視埠的排列設置

01 所謂的「視埠」（Viewport）為 3ds Max 軟體視窗中所佔面積最大的區
STEP 域，提供給使用者來編輯場景內容。

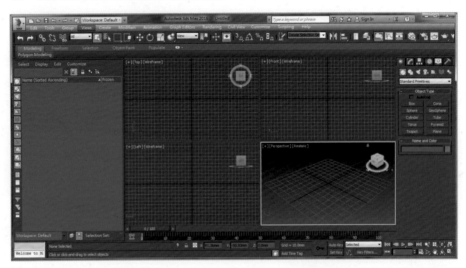

02 切換視埠的排列方法如下：
STEP

a. 點擊任一視埠左上角 General viewport label 上的 [+] 圖示，於展開之選
單中點選「Configure Viewports…」選項。

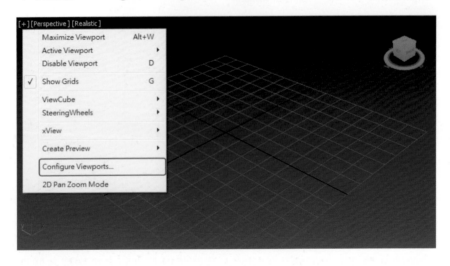

b. 切換到 Layout 標籤頁。

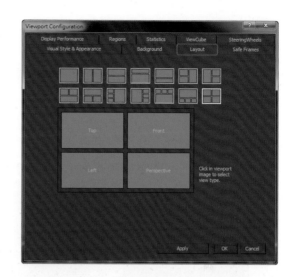

c. 點選任一個配置圖示。

d. 點擊視窗中的『Apply』或
   『OK』按鈕,就可輕鬆將視
   埠切換為所選的配置方式。

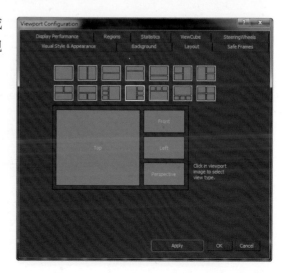

1-2-4 視埠、視景的切換與操作

01 請打開「Viewport_View.max」範例檔案。

02 操作中的視埠切換：

a. 操作中的視埠，視埠外圍會呈現灰褐色的外框。

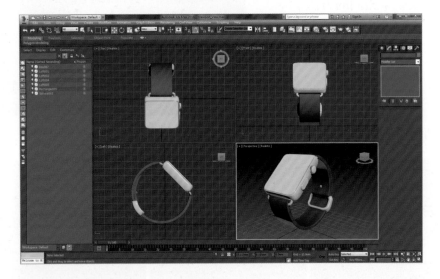

b. 要操作不同的視埠內容，例如由目前的右下視埠切換到左上方視埠，僅需要在左上方視埠內點擊滑鼠右鍵。

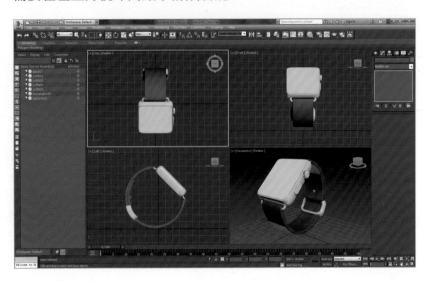

03 在視埠內顯示的內容，稱之為「視景」。最常使用的視景方向為 Top、Left、Right、Front、Perspective 等幾個方向，目前的視景會呈現在每個視埠左上角 General viewport label 上。

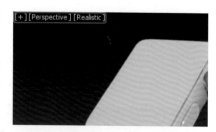

04 切換視景方向的方法：

a. 直接點擊 General viewport label 上的視景名稱，由下拉清單內來挑選。

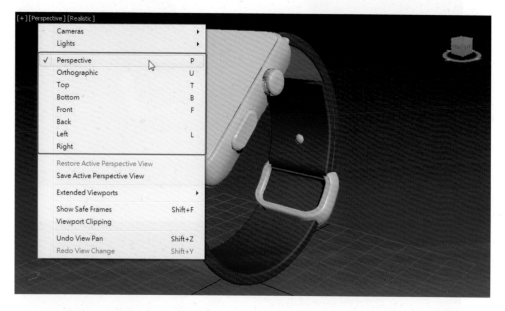

b. 按下鍵盤快速鍵：

  T：Top

  B：Bottom

  F：Front

  L：Left

  U：Orthographic（User）

  但其中 Right 視景，無快速鍵對應。

c. 使用 POV Viewport Label menu（POV 視埠標籤選單）

按鍵盤上的 V 按鍵後，由清單中挑選所需視景方向；此時您可以使用滑鼠選擇或直接按下清單中底線標示的快捷按鍵來選擇，例如 Top View 的 T 按鍵。

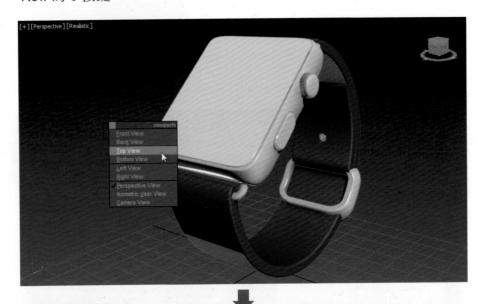

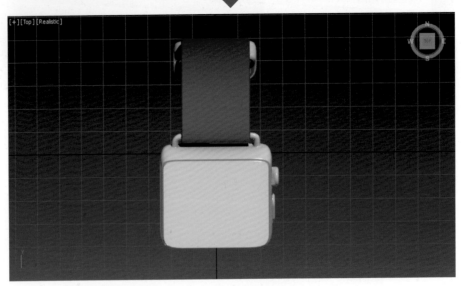

◯ 切換為 Top 視景

1-2-5 編輯模式之視埠顯示模式

01 2016 版本的 Nitrous Viewport 系統的效能更加提昇了，提供視埠內高品
STEP 質的視覺效果；Nitrous 利用了 GPU 加速功能與多核心工作站運算，提
供更快速地編修效果與彩現品質的顯示，更支援 Direct X11 的彩現。

02 在編輯場景時往往需要將視埠內的顯示模式做適當的切換，以方便編輯。
STEP

03 要切換顯示模式時，您可以點擊視埠左上角 General viewport label 上的
STEP 第三個欄位，在展開之選單內挑選模式來做切換。

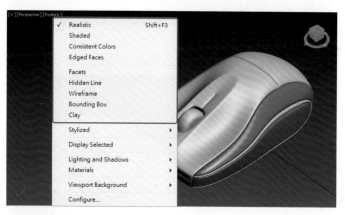

04 以下列出各種顯示模式的效果：
STEP

a. Realistic（真實彩現模式）：最真實細膩的顯示模式，當您旋轉、平移
或縮放視景後，系統會逐步呈現細膩的畫質與效果，例如加上模糊陰
影、AO 效果、光度學燈光效果…等等。

b. Shaded（著色模式）

c Consistent Colors（單色平光模式）

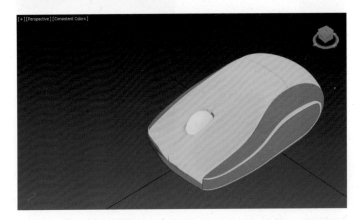

d. Edged Faces（顯示面邊緣模式，需與上述幾種模式一併使用）

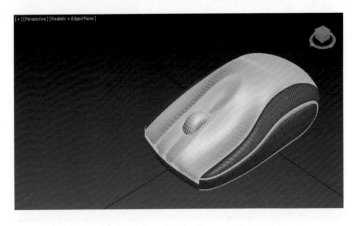

e. Hidden Line（隱藏線模式）

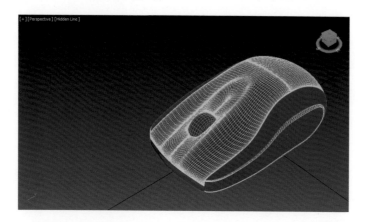

f. Wireframe（網格面模式）

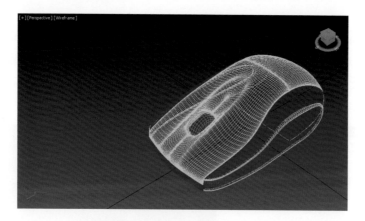

g. Bounding Box（邊界框顯示模式）

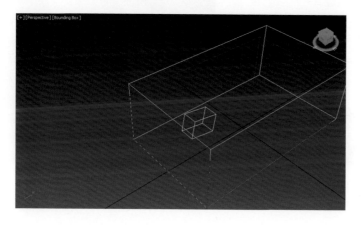

⋯╬⋯ TIPS 小技巧

Bounding Box 模式，通常用在複雜的場景，所有物件均以單一六面體呈現以節省系統資源。

⋯╬⋯ TIPS 小技巧

您可以經由鍵盤快速鍵來切換兩組常用的視埠顯示模式：

F3：將目前的 Realistic 或 Shaded 模式切換為 Wireframe 模式。

F4：為目前的 Realistic 或 Shaded 模式加上 / 關閉 Edged Faces 模式。

1-2-6 表現模式之視埠顯示模式

01 3ds Max 更提供了視埠即時顯示各種非照片寫實的效果 non-photorealistic
STEP（NPR），讓你可以模擬出各種美術效果，啟用的方式同樣是點擊視埠左上角 General viewport label 上的第三個欄位，由展開之選單內的 Stylized 次選單來做挑選。

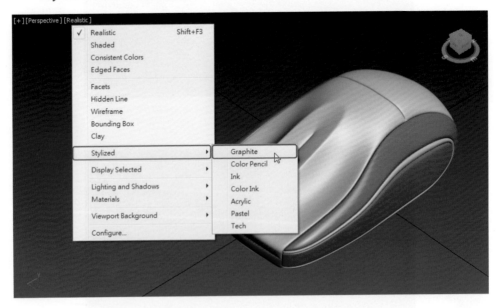

02 各種特殊風格的著色效果如下：

a. Graphite

b. Color Pencil

c. Ink

d. Color Ink

e. Acrylic

f. Pastel

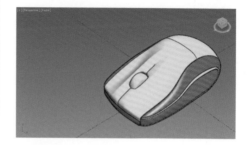

g. Tech

1-3 參數式幾何物件

在本章節，您將學到下列內容：

✓ 認識參數式幾何物件

✓ 參數式幾何物件的建立

✓ 參數式幾何物件的修改

1-3-1 認識參數式幾何物件

01 3ds Max 提供了數十種藉由參數來控制其外型的物件供您快速的建立物件模型。

02 以下為 3ds Max 提供的參數式幾何物件類型，其中數種物件還能透過簡單的參數調整，產生截然不同的物件外型。

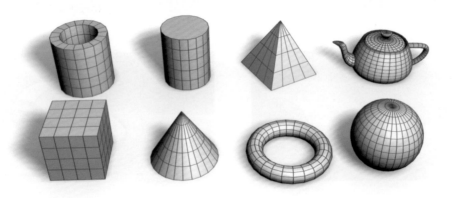

⬥ Standard Primitives

◎ Extended Primitives

◎ Doors & Windows

◎ AEC Extended

◯ Stairs

1-3-2 參數式幾何物件的建立

01
STEP
當我們熟悉了 Max 的操作介面之後，可以試著建立一些 Max 提供的基本物件。建立的方法很簡單，首先我們在 Max 右邊的 Command Panel 上依序選擇 Create > Geometry > Box 按鈕，這樣 Max 就知道我們現在是要製作出一個 Box 來。

02
STEP
接下來將滑鼠移動到 Perspective 視埠，按一下滑鼠右鍵，將此視埠設定為使用中；畫面上出現的網格狀平面，我們稱之為「建構平面」，可以把它當作是地平面一樣，預設狀態下所有的物體都會從這個平面上「長」出來。

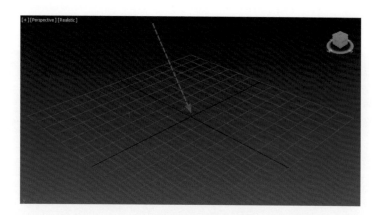

03 在建構平面上按住滑鼠左鍵拖曳,拉出 BOX 的底面積來。

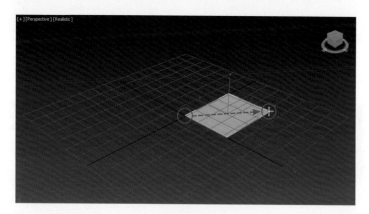

04 鬆開滑鼠左鍵,將滑鼠往上移動,在視窗中就可以看到 BOX 的量體長出來了,到達適當的高度處,再點擊滑鼠左鍵,決定出 BOX 的高度來。

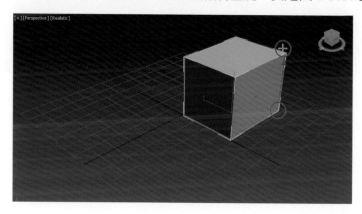

05 此時在 Command Panel 上可以看到目前 BOX 的尺寸。

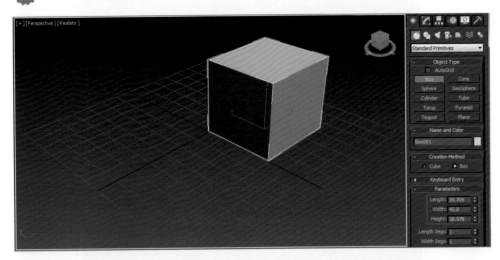

06 若不滿意目前的尺寸,可以直接在 Parameters 捲簾內修改 BOX 的尺寸。

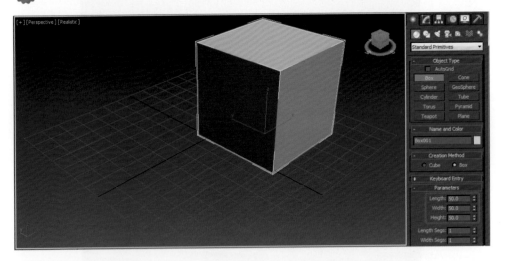

⫶ TIPS 小技巧

輸入數值時,可以利用下列兩種方式來快速完成:

a. 點擊數字旁的上下三角形按鈕來增減,或是按住任一個三角按鍵上下移動滑鼠,來做大幅度的數字增減。

b. 直接在數值欄位上修改數值,修改完後可以按 Tab 按鍵跳到下個欄位來修改數值。

07 Max 建立這種基本物件的邏輯是很直覺的，BOX 需要的是一個底面積，加上一個高度。

08 相同的建立一個球體（Sphere）所需要的是一個圓心加上一個半徑，因此建立 Sphere 的方式應該我們可以猜出來。

09 首先點選 Sphere 按鈕。

10 在 Perspective 視埠按住滑鼠左鍵定義出球心位置，拖曳出半徑來，鬆開滑鼠左鍵，我們就得到一個球體了。

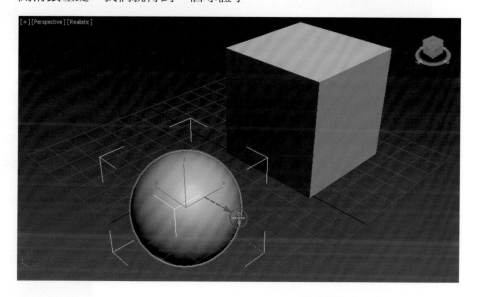

11 其他的物件建立的方法都蠻類似的，您不妨自己試試看。

1-3-3 編修基本物件

01
STEP
點選 Main Toolbar 上的選取工具按鈕圖示 ，對著第一個 Box 點擊一下，現在換成 Box 外圍出現一個白色外框，表示目前 Box 被選取了，我們試著調整一下該 Box 的大小參數。可是剛剛調整參數的欄位現在卻消失了，為何為這樣呢？

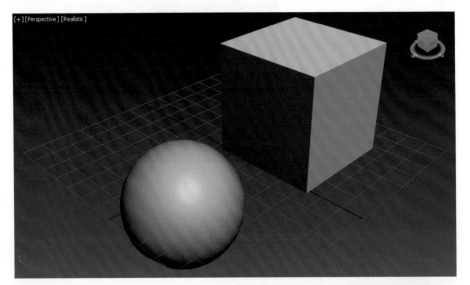

02
STEP
原來在 Max 裡，第一次建立的物件是可以直接修改其參數來調整其大小的，之後要修改就必須切換到「Modify」面板才能修改。

03
STEP
我們先將視埠顯示模式內的「Edged Faces」打開，以方便後續的說明。

04
STEP
參數調整：

a. 物件名稱的修改：在顯示「Box001」的欄位內點一下，可以任意輸入物件的名稱。

╍╫╍ TIPS 小技巧

在同一個場景內,是否可以有重複名稱的物件存在呢?答案是肯定的,因為
這個名稱是給我們人類辨識物件用的,只要您不會搞混,Max 當然沒有意見
的,但強烈建議不要這麼做,另外也不要使用無意義的名稱,例如 dfzdiba。

b. 物體顏色的修改:在物件名稱後方有一個方塊,是來顯示目前物件的顏
色的,我們可以點擊這個色塊,重新設定顏色。

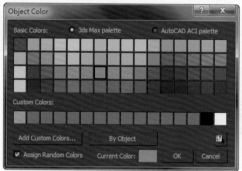

c. Box 的 Segments 調整:Segments 的數量,可以決定模型的細分程度。

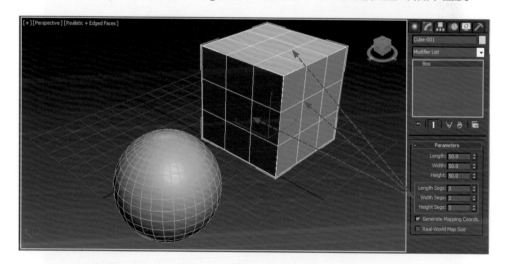

d. Sphere 的 Segments 調整:利用選取按鈕圖示 🔲 點選 Sphere,同樣在
Command Panel 裡找到 Parameter 捲簾內的 Segments 欄位,增減其數
值,就可以調整球體的精細度。

💬 SUGGESTION 重點提示

我們現在知道 Segments 可以控制模型的精細程度，想當然爾，越精細模型越是漂亮，那就把每個模型的 Segment 調得很高，不就萬事 OK 嗎？那可不一定，要知道面的數量越高，將來彩現的速度就會越慢，時間花費就會越長，甚至連轉動視窗都會產生跳格的現象！

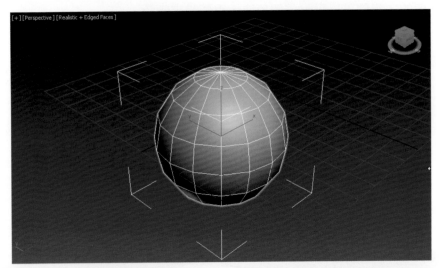

⬥ segments = 16

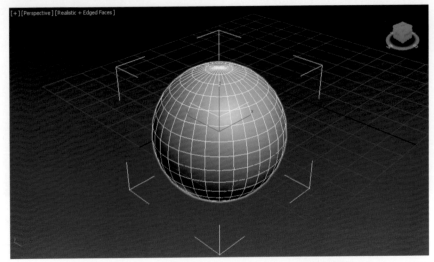

⬥ segments = 32

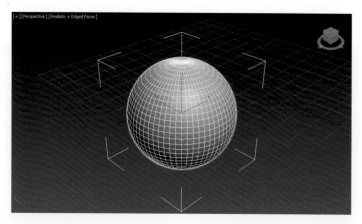

⬙ segments = 64

e. Sphere 的 Smooth 控制：

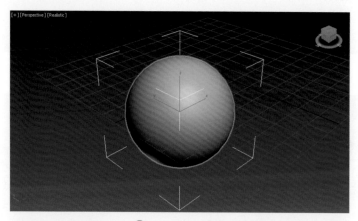

⬙ smooth = ON

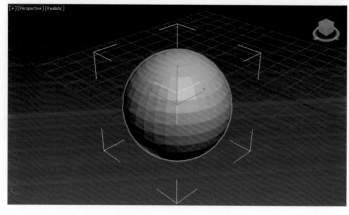

⬙ smooth = OFF

f. Sphere 的 Hemisphere 控制：

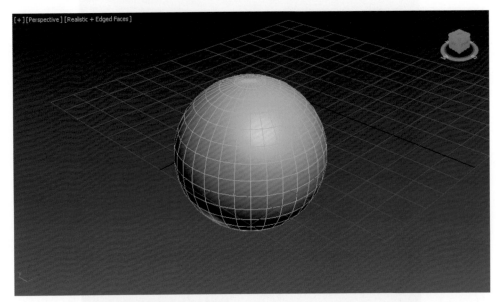

⬥ Hemisphere = 0

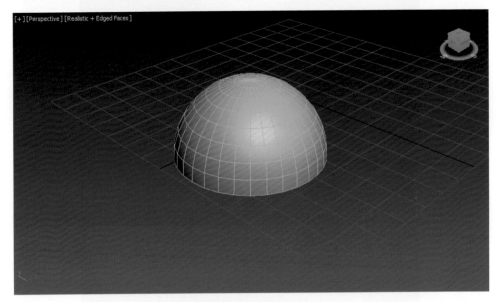

⬥ Hemisphere = 0.5

g. Sphere 的 Slice 調整：請先勾選「Slice On」選項。

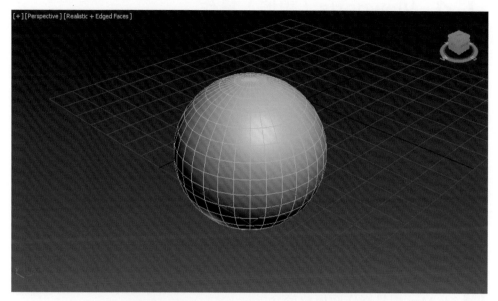

⬤ Slice On—Slice From：0、Slice To：0

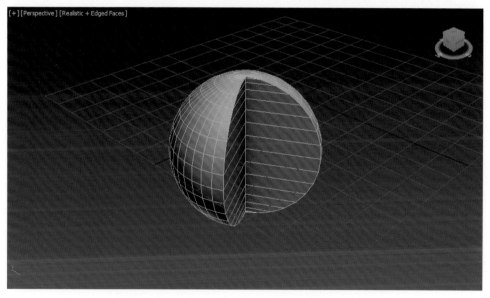

⬤ Slice On—Slice From：120、Slice To：-150

I-4 Viewports（視埠）操作

在本章節，您將學到下列內容：

√ 視埠（Viewports）的操作

　　視埠的操作非常重要，常常有很多使用者，轉不到想操作的角度，當然剛開始並不是那麼容易，因為在三度空間裡，並不像一般 2D 平面軟體，只需在平面上操作，在 3D 軟體裡，常常必須要做視角的放大、縮小、旋轉動作。

01 開啟「Viewport.max」範例檔案。

02 3ds Max 視景操作面板位於介面的右下角，總共為八組。

03 有些按鈕的右下角有一個小三角形，表示此按鈕還有其他相關功能可切換，可以按住該按鈕不放切換到其他功能。

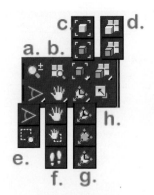

○ 視景操作工具

04 我們依序來介紹這些工具的功能：

a. 🔍 **Zoom**：縮放工具，選取該工具後，在視景中上下拖曳，就可以縮放檢視的比例。

 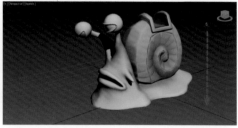

b. 🔍 **Zoom All**：在任一個視景內，同時縮放所有視景。

 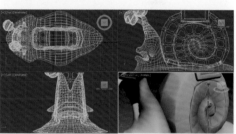

c. **Zoom Extents**：

c-01 🔍 **Zoom Extents**：將目前視景內容作適當的縮放，使之完全呈現在視景內。

 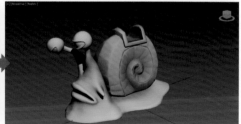

c-02 🔍 **Zoom Extents Selected**：請先選擇任一個物件，例如「Seat」，再點擊這個按鈕，我們會發現視景以目前選取的物件為中心，縮放視景使該物件填滿目前視景。

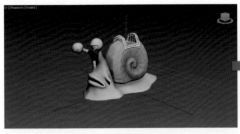 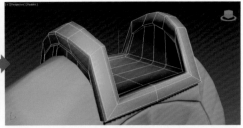

d. Zoom Extents All：

d-01 Zoom Extents All：同時縮放所有視景，使各個視景都能完全呈現場景所有物件。

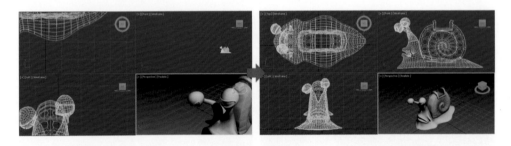

d-02 Zoom Extents All Selected：請先選擇任一個物件，例如「Seat」，再點擊這個按鈕，我們會發現每個視景都以目前選取的物件為中心，縮放所有視景使該物件填滿目前視景。

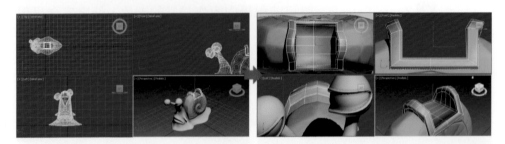

💬 SUGGESTION 重點提示

您可以切換到各個視埠，然後按下 F3 按鍵來作顯示模式的切換，以方便檢視。

e. F.O.V / Zoom Region

e-01 ▷ Field-of-View：視角調整，藉由調整視角大小來控制檢視的範圍。

 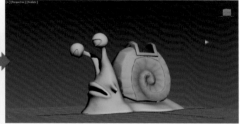

e-02 Zoom Region：局部縮放，在任一視景內拖曳出想放大的區域。

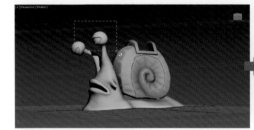 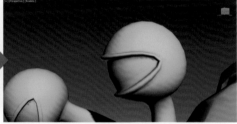

⫸ TIPS 小技巧

> ▷ Field-of-View 此按鈕只能在三度空間中產生效果，所以若您目前使用中的視景並非 Perspective，將無此一按鈕可供使用。

f. Pan / Walk Through

f-01 🖐 Pan View：視景平移，選取此一工具後按住滑鼠左鍵，在視景中向任一方向拉動，可以讓我們在不改變與物件距離下移動視景範圍。

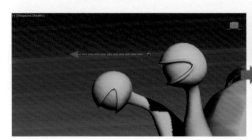 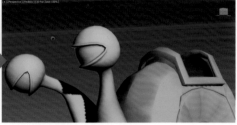

f-02 ![hand icon] 2D Pan Zoom Mode：請開啟「Viewport -forest.max」範例檔案。此檔案包含了一張森林的背景圖片，並使用了攝影機的視景，如果使用 Pan View 工具，將造成蝸牛與背景因為 3D 模型與 2D 背景的攝影機角度錯誤，造成偏移。

使用此一工具會開啟 2D Pan Zoom Mode。將可以完美的同步平移、縮放 3D、2D 的攝影機視景。

f-03 🤪 Walk Through：第一人稱步行功能，藉由攝影機，配合鍵盤按鍵在場景中走動，就像時下的第一人稱遊戲一樣。

g. Orbit：開啟「Viewport_View.max」範例檔案。

g-01 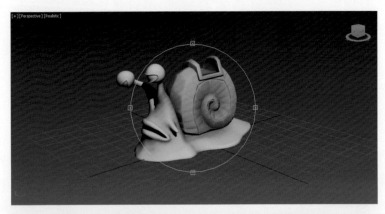 Orbit：以場景中物件的共同中心點為軸心來旋轉視景。

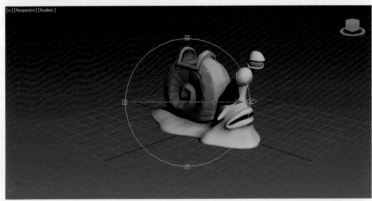

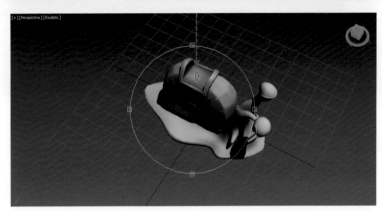

g-02 Orbit Selected：
以場景中選取的物件
中心點為軸心來旋轉
視景。

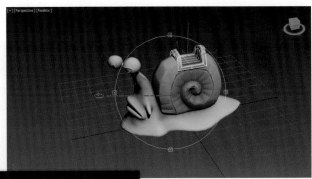

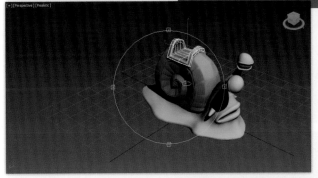

g-03 Orbit SubObject：
以場景中選取的物件
的子物件層級為軸心
來旋轉視景。

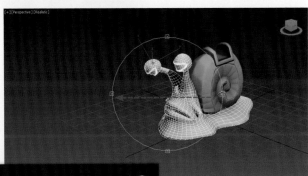

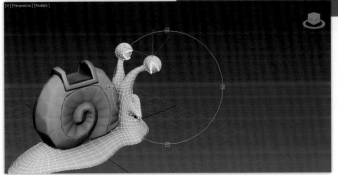

h. 　Maximize Viewport Toggle：切換單一視景最大化與多視窗模式。

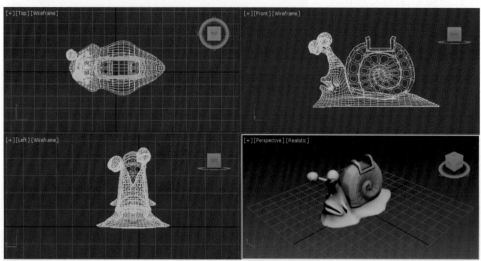

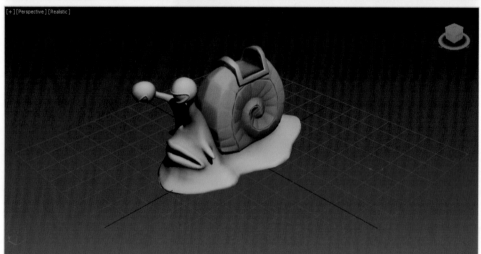

⊹ TIPS 小技巧

最常用的視景工具都有快速鍵可以用：

a. Zoom：縮放，滾動滑鼠中間的滾輪就可以縮放視景。

b. Pan：平移，按住滑鼠中間的滾輪，在視景內拖曳。

c. Orbit：轉動視景，按住 Alt 不放，在按住滑鼠中間的滾輪，在視景內拖曳。

I-5　物件的選取方式

課 程 概 要

在本章節，您將學到下列內容：

✓ 物件的選取方式

　　請打開「Selection.max」範例檔案。物件的選取，在 3D 軟體中很重要，因為有時我們想要選取的物件，被其他物件給擋住了，這時候我們就要使用特殊的選取方式來選擇。

1-5-1　直接選取

01　這也是最簡單的選取方法，我們先切換到 Main Toolbar 上的「選取工具」。

02　對滑鼠靠近可選取的物件時，物件四周會泛黃光。

03 對著場景中的物件
STEP 點擊一下，被選取
的物件周圍出現淡
藍色外框，就完成
選取工作了。

04 加選其他物件：按
STEP 住 Ctrl 按鍵，點選
下一個物件即可加
選。

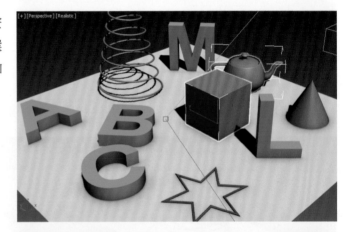

05 減選已選擇的物
STEP 件：按住 Alt 按鍵
對著已選擇的物件
再點擊一下，即可
取消該物件的選
取。

⫶⫶ TIPS 小技巧

其實不用記那麼多按鍵，不論加選、減選都可以按住 Ctrl 鍵來操作。

1-5-2 籬選與框選

01 籬選（Crossing）當 Main Toolbar 上的 ▣ 按鈕未按下時，框選一個矩形
範圍，被框選線碰到的物件，將會全部被選取起來。

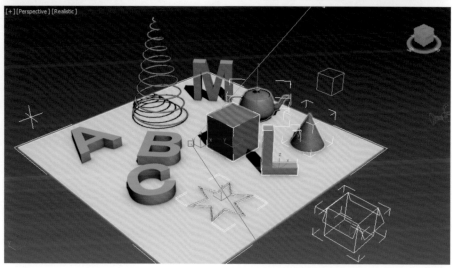

02 框選（Window）當 Main Toolbar 上的 ▣ 按鈕按下後會呈現淡藍色狀態 ▣，此時框選一個區域，結果只有完全被框選的物件會被選取。

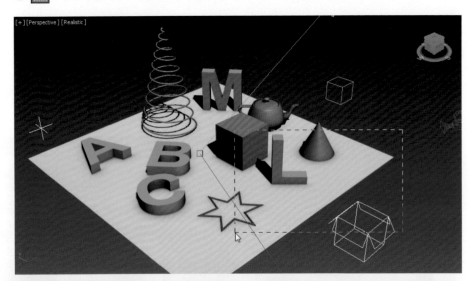

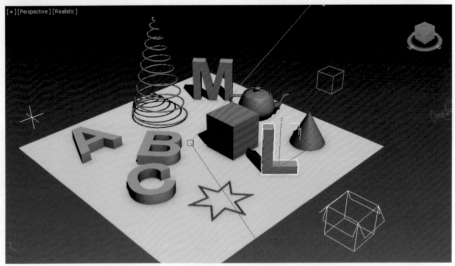

1-5-3 非矩形框選方式

01 按住 Main Toolbar 上的矩形框選按鈕不放，可以展開其他框選模式。

a. 矩形選取模式

b. 圓形選取模式

c. 多邊選取模式

d. 圍籬選取模式

e. 塗抹選取模式

> **TIPS 小技巧**
>
> 上述幾種選取外型均可配合 Window / Crossing 使用。

1-5-4 依名稱選取方式

01 請按下 Main Toolbar 上的 📑，展開「Select From Scene」對話框。

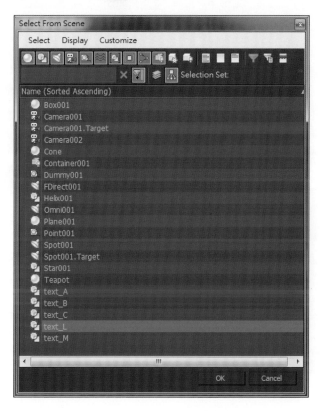

02 直接用滑鼠來選擇欲選取物件名稱。（若之前沒有對物件做命名的動作，
STEP 這裡就麻煩囉！），我們可以配合 Ctrl、Shift 等按鍵來做多重選取，也可
以利用視窗上「Display 工具列」來做篩選，甚至可以在「Find」欄位內
輸入欲選取之物件名稱的第一個英文字母來做快速選取。

03 選取完成後，按下右下角的『OK』按鍵，就可以快速的選取場景中的物件了。

TIPS 小技巧

依名稱選取用的機會非常的多，尤其當場景物件繁多時。開啟它的快速鍵為『H』，建議能夠記住，非常好用喔～

1-5-5 Scene Exploder 快速選取區

01 3ds Max 自 2015 版本起，視埠區左側預設開啟了一個「快選視窗」：Scene Exploder，類似 MAYA 的 Outline 選取區。

02 只要點選物件名稱，就可以直接選取該物件。
STEP

1-5-6 取消選取

　　取消選取的方法很多，僅介紹下列幾種：

01 使用「選取工具」 ，在場景空白處點擊一下。
STEP

02 快速鍵：Ctrl + D（這與 Photoshop 一樣）。
STEP

03 「Edit > Select None」（還要打開下拉選單，我想大概很少人會採用這一
STEP 種吧…）。

SUGGESTION 重點提示

1. 如果您想要得知某物件的面數、頂點數的資料，可以在選取該物件後，點擊視埠左上角的「+」，點選 Configure Viewports…選項。於 Viewport Configuration 視窗內切換到 Statistics 頁面，點選 Total + Selection 選項，就可以同時顯示目前選取物件與場景所有物件的面數、頂點數。

2. Scence Explorer 可以依面數排序場景物件，也可以查看 Revit 檔案之場景資訊。

MEMO

CHAPTER

02

Transforms（形變）

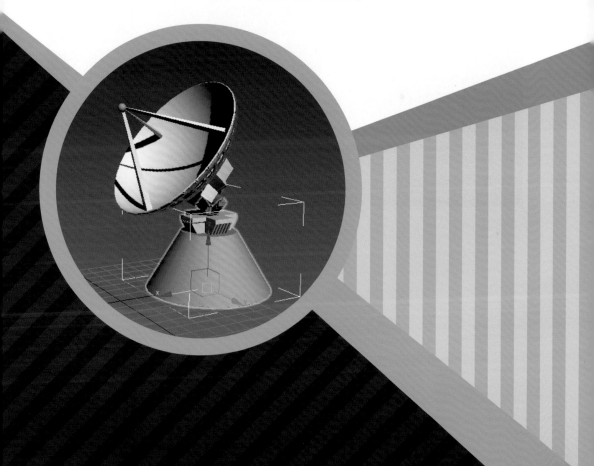

2-1 Align（對齊工具）

在本章節，您將學到下列內容：

✓ 熟悉三度空間的座標系統。

✓ 學習如何使用 Align 工具來對齊物件

在此一章節裡，您將會學會使用 Align 工具來對齊三度空間中的物件，並從中熟悉三度空間的 X、Y、Z 關係。請開啟「Align.max」範例檔案。

2-1-1 主輪與兩個副輪的安裝

01 點選欲移動的 MainWheel 物件。
STEP

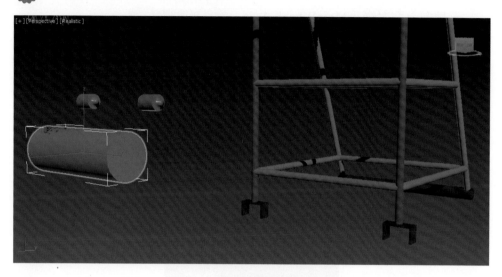

02 按下 Main Toolbar 上的『Align』按鈕。
STEP

03 接著點擊移動物件要對準的目標物「MainWheel_Axis」。
STEP

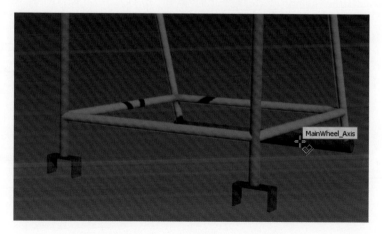

04 在 Align Selection 視窗內，勾選 X、Y、Z 三個軸向，於 Current Object（移動的物件）項目內點選 Pivot Point，Target Object（目標物件）項目內點選 Pivot Point；表示將「MainWheel」物件的軸點，在 X、Y、Z 三軸向上均對齊「MainWheel_Axis」物件的軸點位置。

05 按下『OK』按鈕確定，此時「MainWheel」物件在 X、Y、Z 三軸向上，以軸點對齊軸點的方式，移動到「MainWheel_Axis」物件的位置上了。

06 另外兩個「sWheel-1」與「sWheel-2」物件，也分別以 Pivot Point 對齊
Pivot Point 的方式對齊到「sWheelCover-1」與「sWheelCover-2」兩物
件上。

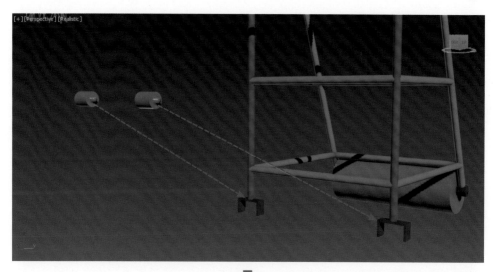

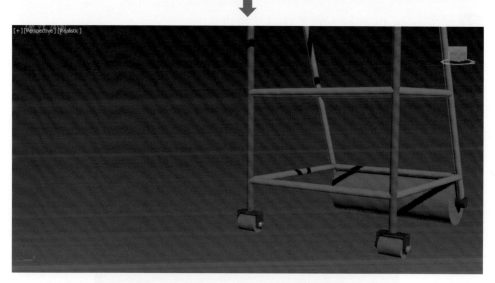

2-1-2 安全海綿的安裝

01
STEP 點選「Padding-1」物件。

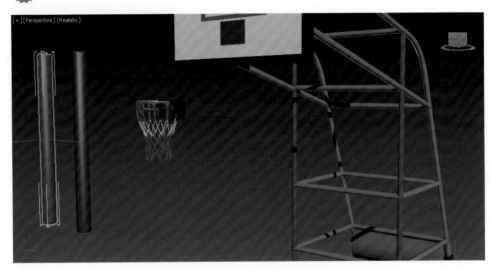

02
STEP 按下 Main Toolbar 上的『Align』按鈕。

03
STEP 再點擊移動物件要對準的目標物「Frame-1」物件。

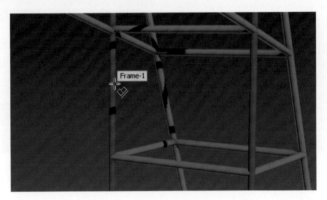

04 在 Align Selection 視窗內，勾選 X、Y、Z 選項，在 Current Object（移動的物件）項目內點選 Center，Target Object（目標物件）項目內點選 Center；表示將「Padding-1」物件移動到中心點與「Frame-1」物件的中心點於 X、Y、Z 三軸向上均對齊的位置。

05 這次不要按下『OK』按鈕，請按下『Apply』按鈕，繼續往下操作。

06 這次僅勾選 Z 軸向，在 Current Object（移動的物件）項目內點選
STEP Minimum，Target Object（目標物件）項目內也點選 Minimum；表示將
「Padding-1」物件的最低點，在 Z 軸向上對齊「Frame-1」物件的最低
點。

07 「Padding-2」物件也以相同的方法對齊「Frame-2」物件。

2-1-3 籃框的安裝

01 點選「Goal」籃框物件。

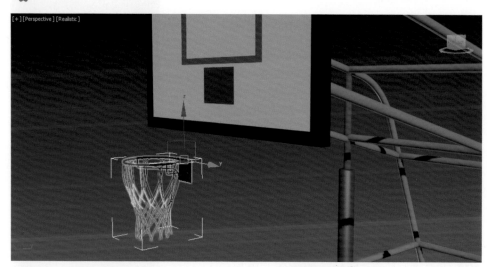

02 按下 Main Toolbar 上的『Align』按鈕。

03 再點擊移動物件要對準的目標
物「Goal_Hnge」。

04 在 Align Selection 視窗內，勾選 Y 選項，
在 Current Object（移動的物件）項目內點選
Pivot Point，Target Object（目標物件）項目
內點選 Center；表示將「Goal」物件移動到
Y 軸上的軸心點，對齊「Goal_Hnge」物件
的中心點位置。

05 按下『Apply』按鈕，繼續往下操作。

06 在 Align Selection 視窗內，勾選 X 選項，
在 Current Object（移動的物件）項目內點選
Minimum，Target Object（目標物件）項目內
點選 Maximum；表示將「Goal」物件移動到
X 軸上的最小值，對齊「Goal_Hnge」物件
的最大值的位置。

07 按下『Apply』按鈕，繼續往下操作。

08
STEP
在 Align Selection 視窗內，勾選 Z 選項，在 Current Object（移動的物件）項目內點選 Maximum，Target Object（目標物件）項目內點選 Maximum；表示將「Goal」物件移動到 Z 軸上的最大值，對齊「Goal_Hnge」物件的最大值的位置。

09
STEP
按下『OK』按鈕確認，完成籃球架的組裝。

2-2 Transforms（形變）

在本章節，您將學到下列內容：

✓ 三種形變：移動、旋轉、縮放

　　在上一個小節裡，我們介紹了使用 Align 對齊的方式來移動物件，但是這樣的操作不是很靈活，而且實在太麻煩了，有沒有可以讓我們任意移動的工具呢？當然有，包括「移動」、「旋轉」、「縮放」三種，這些工具並不會改變原始物件的本質，僅僅改變物件的位置、角度、大小這三種的特質，總稱為「Transforms」（形變）。請開啟範例檔案 Transforms-Move.max 來練習。

2-2-1　Move（移動）

01 選取 Base 物件後，在 Main Toolbar 上點選 ✛ 按鈕。

02 在物件上會產生一個三色座標軸（軸框），紅色代表 X 軸，綠色代表 Y 軸，藍色代表 Z 軸，正好是光的三原色 RGB。

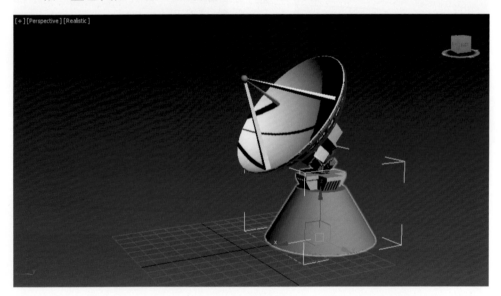

03 將游標移到 X 軸向上（紅色），該軸會以黃色亮顯，按住 X 軸並拖曳滑
鼠，可限制物體朝 X 軸向移動。

a. 沿 X 軸向移動

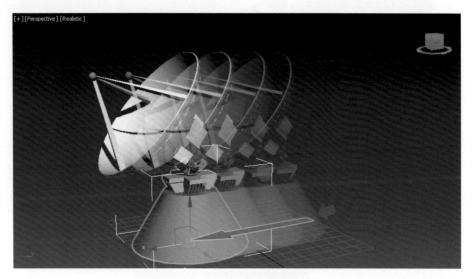

04 同樣的，游標移動到 Y 軸、Z 軸，可以讓移動鎖定於 Y 與 Z 方向。

b. 沿 Y 軸向移動

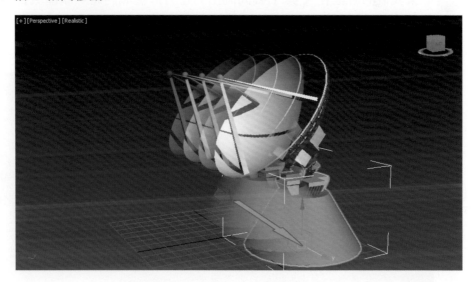

c. 沿 Z 軸向移動

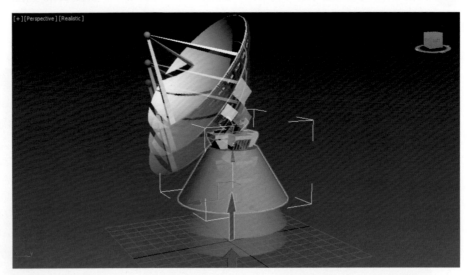

TIPS 小技巧

在拖曳的同時，我們可以觀察視窗下緣的 Status Bar 上有一組欄位，分別會顯示目前的座標值。 X: 60.579　Y: 22.147　Z: 50.641

05 如果我們的游標在 X 與 Y 軸向圍出的正方形區域內時，該區域會亮黃
STEP 顯示，表示目前該物件被鎖定只能在 XY 平面上移動。

a. 於 XY 平面移動

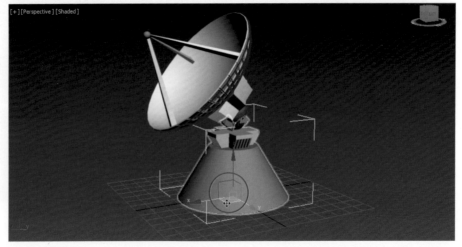

b. 於 YZ 平面移動   *c.* 於 ZX 平面移動

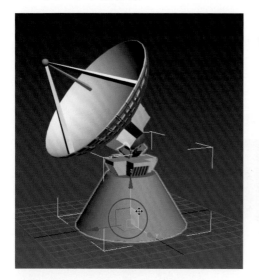   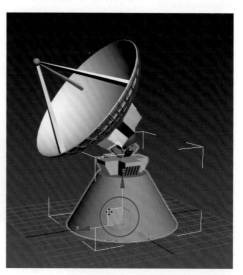

06 是不是很簡單呢！但若是我們想要向 X 軸方向移動 100 單位的距離，
該怎麼做呢？

07 這有兩種方法：

a. 輸入絕對座標：先取得目前物件的位置座標，觀察之前介紹過的 Status
Bar 上三個軸向欄位的數值，例如下圖。我們直接將 X 軸的數值加上
100 為 110，並按 Enter，表示將物件由（10,5,20）移動到（110,5,20）。

b. 輸入相對座標：按下 Status Bar 前的正方形按鈕，該按鈕會變成亮顯狀
態，表示目前已經切換為相對座標狀態，後面的 X、Y、Z 數值均會歸
零。

在 X 欄位內輸入 100，按下 Enter 的同時，物件會向 X 軸方向移動 100
單位，同一時間數字會再度歸零。

c. 以上兩種直接輸入數值的方式，稱之為「Transform Type-In」。

2-2-2 Rotate（旋轉）

01 開啟 Transforms-Rotate.max 範例檔案，選取 Radar 物件後，在 Main
Toolbar 上點選 ⟳ 按鈕。

02 在物件上會產生一個三色球體軸框球：
紅色線圈代表 X 軸，綠色線圈代表 Y 軸，藍色線圈代表 Z 軸。

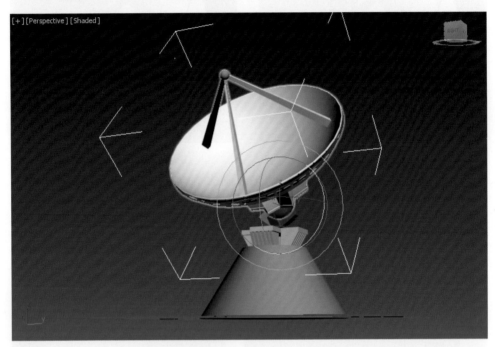

03 將游標移到紅色線圈上，表示以 X 軸當作軸心來旋轉，按住並拖曳滑
鼠，將會掃出一亮紅色區域，該軸會以黃色亮顯，按住並拖曳滑鼠，可
限制物體以 X 軸為軸心來旋轉；其上有一組亮黃色的數字，表示目前
旋轉的角度。

a. 以 X 軸為軸心來旋轉

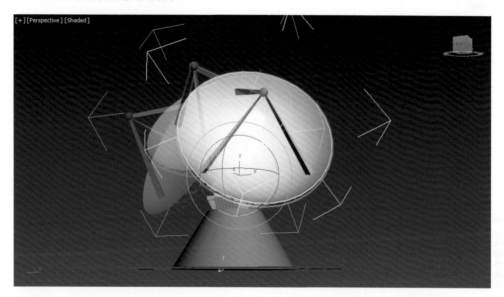

b. 以 Y 軸為軸心來旋轉

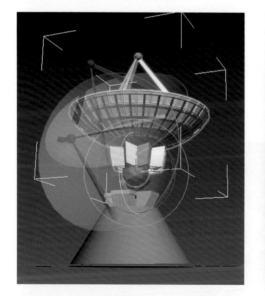

c. 以 Z 軸為軸心來旋轉

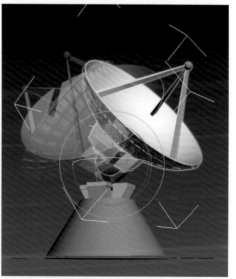

⊹ TIPS 小技巧

請注意軸框球上變黃的框線。

04 除了 X、Y、Z 三個軸向外,最外圍還有一圈淺灰色的線圈,這是以目
前螢光幕平面為旋轉平面來做旋轉。

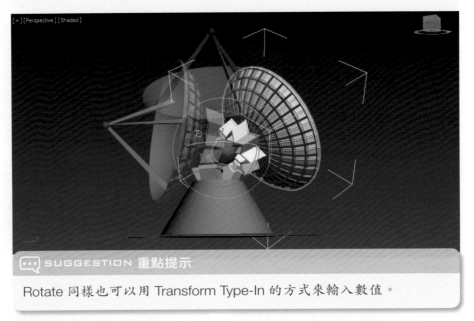

💬 SUGGESTION 重點提示

Rotate 同樣也可以用 Transform Type-In 的方式來輸入數值。

2-2-3 Scale(縮放)

01 選開啟 Transforms-Scale.max 範例檔案,選取 Radar 物件後,在 Main
Toolbar 上點選 ⬚ 按鈕。

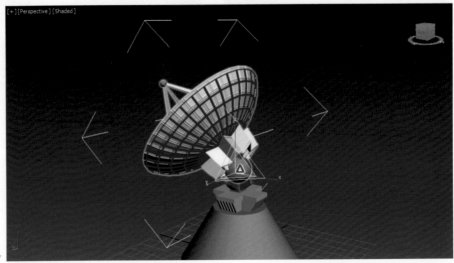

02 同樣的有三個軸向，同樣以紅、綠、藍分別控制三個軸向，將游標移到
STEP X 的紅色軸線上按住不放，上下拖曳滑鼠就可以對 X 軸做縮放。

a. 沿著 X 軸方向縮放

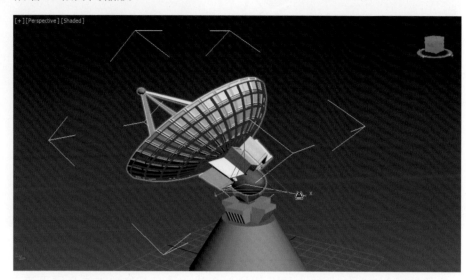

b. 沿著 Y 軸方向縮放

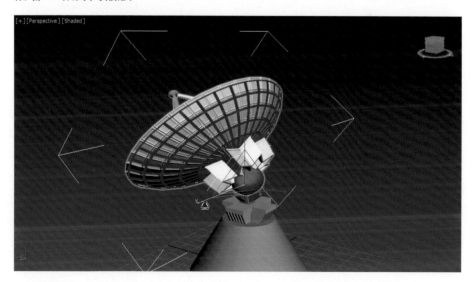

c. 沿著 Z 軸方向縮放

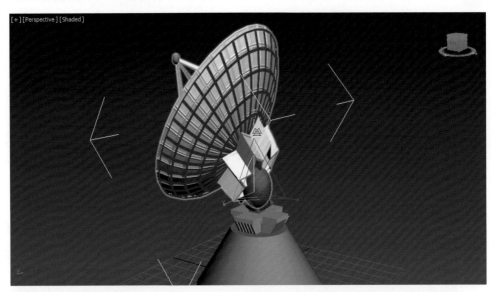

[+][Perspective][Shaded]

TIPS 小技巧

除了點選 Main Toolbar 上的三個按鈕之外，還有其他的方式來選用此三種 Transforms。

a. 按一下滑鼠右鍵，打開快速選單。

b. 鍵盤快速鍵：

Move → W

Rotate → E

Scale → R

Select → Q

2-3 鎖點、鎖角度、鎖定比例

在本章節，您將學到下列內容：

✔ 鎖點、鎖定角度與鎖定比例功能

在我們創建 3D 場景時，很多時候需要將物件與物件、模型與模型做點對點的對齊、旋轉特定角度、縮放固定倍率，預設值提供給我們的是不準確的，只能大概對齊、大概 30 度，大概放大 10 倍，我們必須藉由另一組選項功能來做精確的操作。

2-3-1 鎖點

請開啟「Snap.max」範例檔案，此範例的目標是要將安全插梢置於手榴彈頂部上之網格線的交點上。

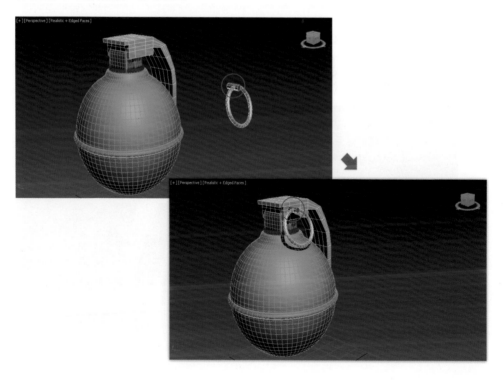

01 選用 Move 工具，按下 Main Toolbar 上的 ，啟動鎖點功能。

02 那我們怎麼能得知目前的鎖點狀況呢？可以在 ⟨Grid and Snap⟩ 上按一下滑鼠右鍵，打開鎖點設定對話框，勾選「Vertex」頂點選項表示我們要鎖定頂點。

💬 SUGGESTION **重點提示**

這個對話框是沒有『OK』按鈕的，可以直接關掉對話框，系統會記住剛剛的設定值。

---

03 按住「安全插梢（Safty Pin）」左側的任一頂點，拖曳到手榴彈安全握把（Striker Lever）頂部右側的網格線交點上，安全插梢就順利的放置上去了。

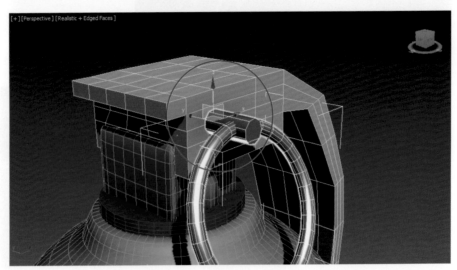

04 再次打開 Snap 設定對話框，把
「Midpoint」選項也勾選起來。

05 現在我們可以將安全插梢對齊安全握把頂部右側的網格線中點上。

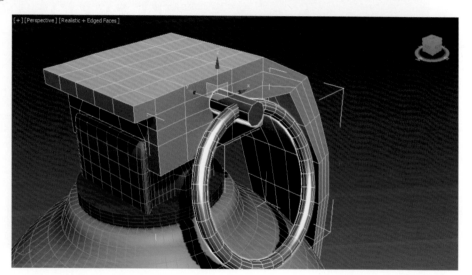

06 您可以自行勾選其他鎖點選項測試看看。

2-3-2 鎖角度

請先開啟「Angle Snap.max」。在上一節介紹 Rotate 功能時，各位一定有一個疑問：我想將物件旋轉 30 度，除了用 Transform Type-In 的方式外，有沒有比較直覺的方法呢？當然有，那就是「鎖角度」。

01 先選取場景中的安全握把，並選用 Rotate 工具，按下 Main Toolbar 上的 🔺（Angle Snap），啟動「鎖角度」功能。

02 試著旋轉一下握把，我們會發現現在旋轉動作不再是平滑的，而會一格一格的跳動，仔細觀察一下每一格的增量都是 5 度。

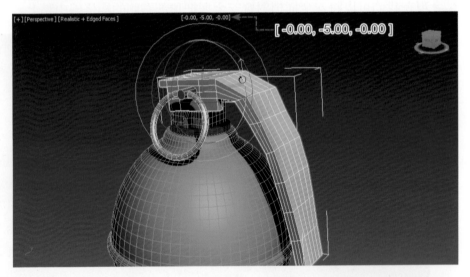

03 同樣的，我們在 🔺 上按右鍵，開啟設定視窗，我們在 Angle 後的欄位內輸入 30。

04 關掉設定視窗，再試著旋轉握把，這次每次的旋轉增量變為 30 度了。
STEP

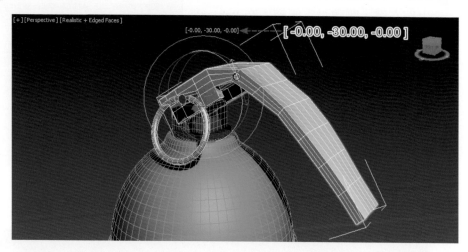

2-3-3 鎖定比例

　　請先開啟「Percent Snap.max」。鎖定比例的按鈕 %n 同樣位於 Main Toolbar 上，請按下它啟動鎖定比例的功能。

01 試著縮放 Body 物件，縮放的同時我們觀察一下視窗下方的 Status Bar
STEP 上顯示的縮放比例。

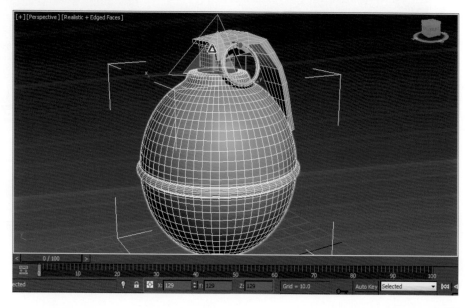

02 同樣的，我們可以在鎖定比例的按鈕
上按右鍵，開啟設定視窗；在 Percent
欄位內輸入 15 試試看。

03 現在的縮放增減量變為每跳一格 15％。

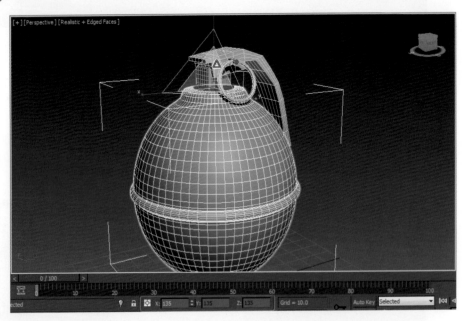

┅┇ TIPS 小技巧

這三個功能在製作模型時很好用，尤其是 Snap 與 Angle Snap，其快速鍵
分別為「S」與「A」。

⋯╬ TIPS 小技巧

當啟用「Snap」功能時，物件的 Pivot Point（軸點）位置上的小正方框會消失。

2-4 Reference Coordinate System（參考座標系統）

在本章節，您將學到下列內容：

✓ 使用不同的座標系統

課 程 概 要

2-4-1 使用不同的座標系統

01 打開「Reference Coordinate System.max」範例檔案，在這個場景裡很單純，只有一個像溜滑梯一樣的斜面體，其上貼附了一個茶壺。

02 要移動物體當然要先選取茶壺，然後按下 Main Toolbar 上的 ⊹ 按鈕。
STEP

03 問題來了，我們該往那個軸向移動呢？X 軸、Y 軸或是 Z 軸？好像都
STEP 不對。

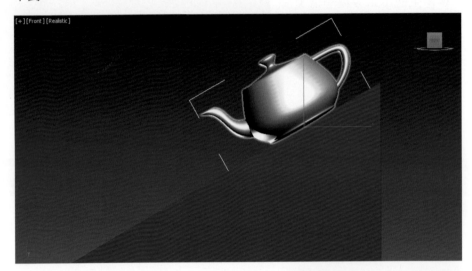

04 這時候我們不能使用預設的座標系統了，
STEP 必須改用「Reference Coordinate System
（參考座標系統）」，參考座標系統的選單
在 Main Toolbar 上。

05 在這裡介紹一下這些座標系統：
STEP

a. **View**：預設的座標系統，使用中
的視埠 Z 軸永遠朝向使用者，
但在透視視埠或攝影機視埠內，
則是與視埠左下角的世界座標相
同。

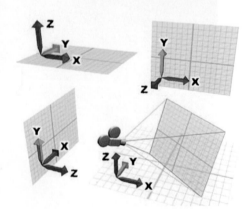

b. **Screen**：以螢光幕平面為 XY 平面，Z 軸永遠指向使用者，與 View 模式的差別可以在透視視窗觀察出來。

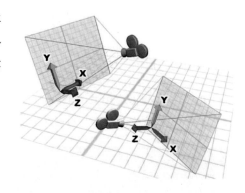

c. **World**：以世界座標為基準，也就是與每個視埠左下角的軸向圖示方位相同。

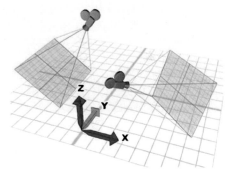

d. **Parent**：當場景中數個物件設定了連結（Link）的父子層級關係時，以父物件的座標系統為新的座標系統。

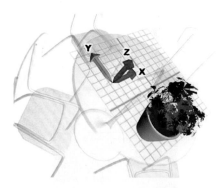

e. **Local**：以物件自身座標系統為新的座標系統。

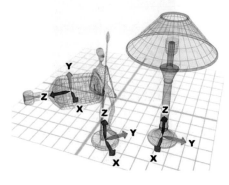

f. **Grimbal**：此設定是針對旋轉時設計的，當使用此座標系統時 XYZ 三軸向不再是互相垂直的狀態，我們可以自訂其相互間的夾角來做更自由的轉動動作。

g. **Grid**：以「Creative > Helpers > Grid」建立一使用者自訂的建構平面，並調整其位置、角度。對此 Grid 按右鍵，從選單中選擇 Active Grid 啟用。

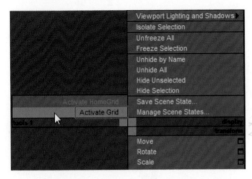
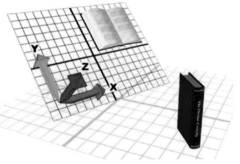

h. **Working**：可以在不改變目前的 Pivot 狀態下，另定一個工作用之 Pivot。須配合「Hierarchy」標籤面板內之「Working Pivot」捲簾內容來設定。

i. **Pick**：點取場景中任一物件，以其座標系統為新的座標系統，點選物件之後會在 Pick 下方出現一個物件名稱，將來只要點選此名稱，就會以該物體的座標系統為準。

以上七幅座標系統示意圖採自 Max 之線上說明文件。

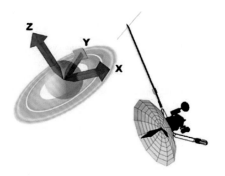

06 STEP 在這個範例裡，最簡單的方式就是設定為「Local」，使用茶壺自身的座標系統，正好可以平滑的在斜面上移動。

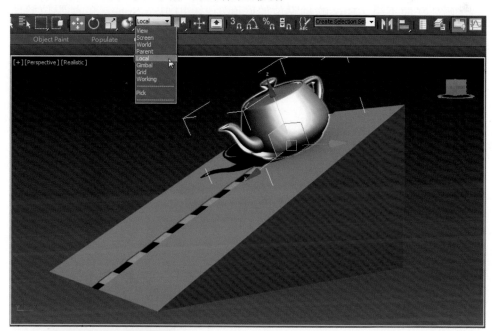

TIPS 小技巧

Move、Rotate、Scale 可以分別指定不同的參考座標系統系統，而不會相互干擾喔！

2-5 Pivot Point（軸點）

在本章節，您將學到下列內容：

✓ Pivot Point（軸點）的功能與調整

2-5-1 何謂軸點？

01 回想一下，在第一章建立基礎物件時，我們拉出的物件不管是 Box、
Sphere、Teapot…都是在建構平面上產生的，當我們要移動這些物體
時，三色的軸向座標軸會出現在物件的那個位置呢？是物件的正中央
嗎？好像不是，Box 的軸點位於底面矩形的中央，Sphere 的軸點位於球
心，Cylinder 的軸點位於底面圓形的中央，這個座標軸的位置就是預設
的 Pivot Point（軸點）位置。

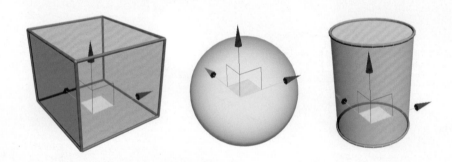

02 當我們要旋轉 Box 時，就是以底部
矩形中央的 Pivot Point 當作軸心來旋
轉，並不是我們想像的以物體中心點
來旋轉。

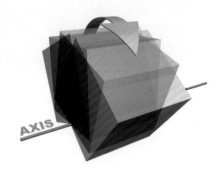

2-5-2 修改 Pivot Point 的位置

01 當然囉，Pivot Point 的位置這是可以修改的，修改的方法很簡單。
STEP

a. 開啟「Pivot Point.max」場景檔案。

b. 我們先按下  移動工具，因為我們要移動 Pivot Point 的位置，切換到右邊的 Command Panel 面板上的 Hierarchy（階層）標籤頁，按下 Adjust Pivot 捲簾下的『Affect Pivot Only』按鈕，告訴 Max，現在我們只操作 Pivot Point，不操作物件了。

c. 原本的軸向座標上，會套用一組較粗的箭頭，這就是 Pivot Point 的外觀。

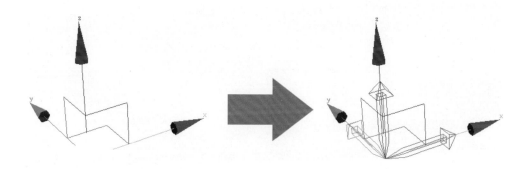

d. 我們沿著 X 軸將 Pivot Point 移動到物件之外。

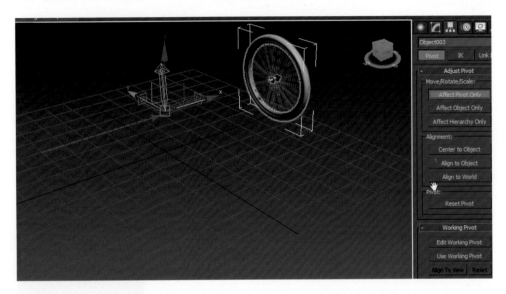

e. 再次切換到 Command Panel 面板上的 Hierarchy（階層）標籤頁，將 Adjust Pivot 捲簾下的『Affect Pivot Only』按鈕關閉，結束 Pivot Point 的操作。

02 按下 ⟳ 旋轉工具，以 Z 軸當軸心旋轉，我們會發現，現在 Teapot 是以 新的 Pivot Point 位置當旋轉的中心了。

CHAPTER

03

基礎建模

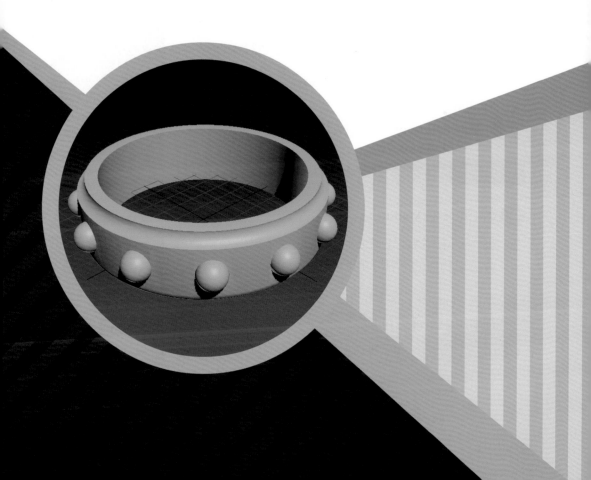

3-1 Modify 修改面板

在本章節，您將學到下列內容：

✓ Modifier（修改器）的使用

✓ Stack（堆疊）的操作

3-1-1 視窗介紹

開啟 Modify.max 範例檔，在這個範例場景裡只有三個簡單的物件，我們要藉由操作此三個物件，來探討修改物件外觀的方法。

01 選取 Cyl-3 物件，切換到 Command Panel 上 Modify
STEP 的標籤，我們在第一章提過可以修改物件參數的 Parameters 捲簾上方，就是我們這一節要討論的部分。

a. **Modifier List**：存放所有修改器的下拉清單。

b. **Modifier Stack**：堆疊視窗。

c. **Modifier Buttons**：控制按鈕區。

3-1-2 為物件加上 Modifier

01 加上第一個 Modifier：
STEP

a. 現在 Cyl-3 物件正被我們所選取，所以堆疊視窗內會出現物件的名稱，我們要加上一個 Modifier。

b. 點選 Modifier List 下拉選單，拖曳清單右邊的捲軸，從清單中點選「Taper」。

c. 現在堆疊視窗裡，原先的 Cyl-3 上方就會多出一個「Taper」字樣，表示目前該物件已經套用了 Taper 變形。

TIPS 小技巧

也許您會覺得 Modifier List 清單好長一串，拖曳捲軸來尋找要掉花不少時間，其實您可以按下鍵盤上您要找的 Modifier 第一個英文字母，例如按下「T」就可以快速切換到以 T 開頭的 Modifier 上 縮短我們找尋所耗費的時間。

---

d. 在底下的捲簾內設定 Amount 為 1.0，這時得到一個外傾的造型，將 Curve 設定為 -2.5，產生內凹的錐形造型。

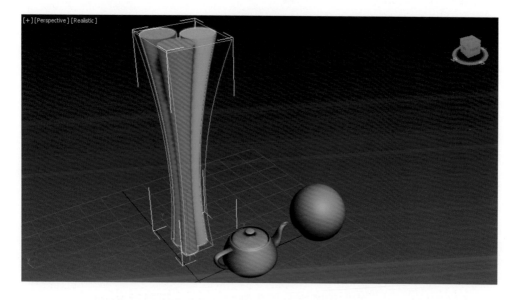

02 加上第二個 Modifier：
STEP

a. 確認現在的 Taper 字樣為深灰色底，表示目前位於堆疊的最上層。

b. 從 Modifier List 中，挑選「Bend」。

c. 在 Angle 的欄位內填入 -45，使之向前彎曲 45 度，現在 Cyl-3 外觀除了錐形外，又加上了彎曲的外觀。

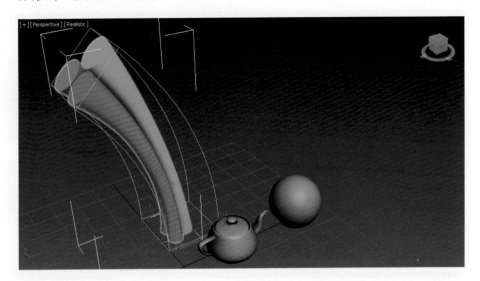

d. 現在的 Modifier 的作用順序為：先執行 Taper，再執行 Bend。

03 加入第三個 Modifier：
STEP

a. 再加入一個 Modifier—Twist，使之位於堆疊的最上層。

b. 在 Angle 的欄位內填入 270，使造型作 270 度的扭曲，Twist 會使物件產生像擰毛巾一樣的扭曲變形。

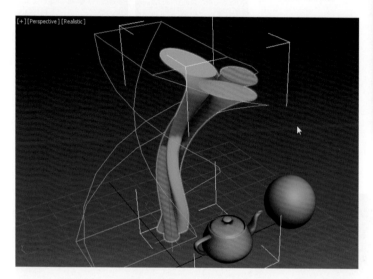

c. 現在的 Cyl-3 是先做 Taper 再做 Bend，最後再做 Twist。

04 堆疊的概念與 Photoshop 的圖層原
STEP 理很像，原理都是把效果一層一層的往上傳遞，最後的效果再呈現在我們的眼前。

3-1-3　Stack（堆疊）的操作

01 堆疊的順序：
STEP

a. 現在試試看在堆疊視窗內按住 Twist 往下拉到 Bend 與 Taper 之間。

b. 我們會發覺 Cyl-3 的造型又改變了因為現在是先作 Taper 然後作 Twist，最後才是 Bend。

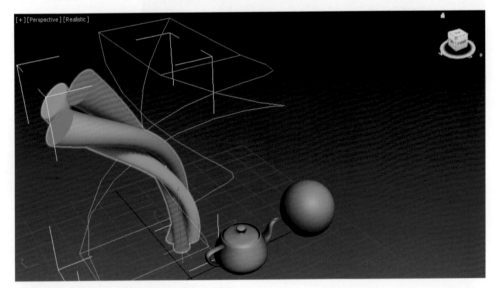

02 堆疊的複製：
STEP

a. 如果我們希望旁邊的 Sphere 也能擁有與 Cyl-3 一樣的 Taper 效果，參數也要一樣，那該怎麼作呢？拿支筆把 Cyl-3 的 Taper 參數抄下來？當然不是囉！

b. 先點選 Cyl-3 堆疊視窗內的 Taper 字樣，在其上按右鍵打開快捷功能表，選取「Copy」。

c. 現在我們已經複製了 Taper 及其參數設定，接下來請點選 Sphere，在其堆疊視窗內按右鍵開啟快捷功能表，選擇 Paste 貼上，此時 Sphere 的外觀也套用了相同參數的 Taper 變形了。

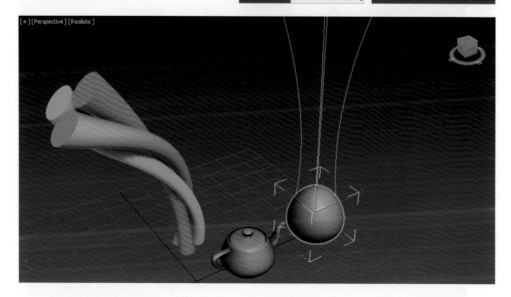

d. 點選旁邊的 Teapot，此 Teapot 被我們關掉了壺嘴與壺柄。同樣的在其堆疊視窗內按右鍵開啟快捷選單，這次我們選擇「Paste Instance」，同樣的效果被套用在 Teapot 上。

e. 那麼「Paste」與「Paste Instance」有何不同呢？我們試著調整 Teapot 上 Taper 內的 Amount 為 0.2，Teapot 與 Cyl-3 的外型一起改變了，而旁邊的 Sphere 則是沒有變化，因為使用 Paste Instance 的方式其參數是共用的，這點我們在下一節會詳述。

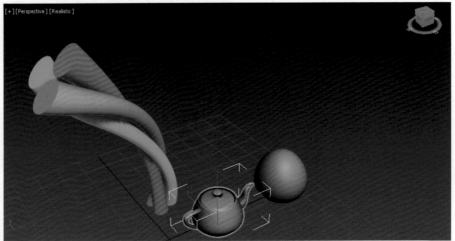

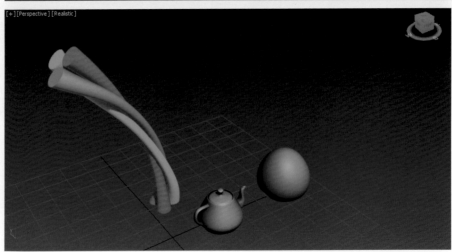

SUGGESTION 重點提示

聰明的您應該會發現，此時 Teapot 與 Cyl-3 的 Taper 都變成「*Taper*」斜體字了，這表示此 Modifier 與其他物件共用參數。

3-1-4 Modifier Buttons 的使用

01 在 Modifier 的堆疊視窗最底下有一排按鈕，是來控制堆疊視窗內容的。

a. 　：按下時呈現 ，可以鎖定特定物件，來觀察及調整其堆疊內容，
就算我們選取了其他物件，堆疊視窗還是會顯示原物件之內容。

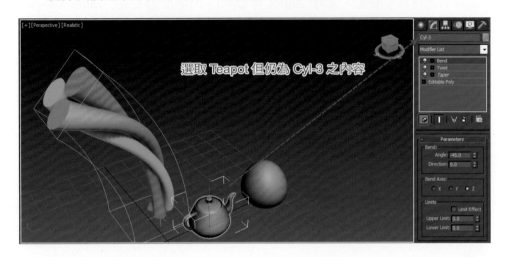

b. 　：按下時呈現 ，按下時不管在哪一個堆疊層修改，都會顯示最後
的結果。取消時，僅顯示目前操作的堆疊層的效果。

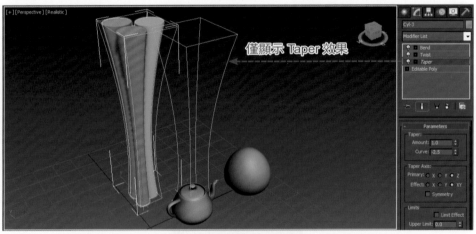

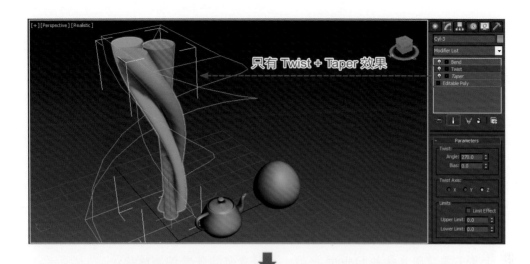

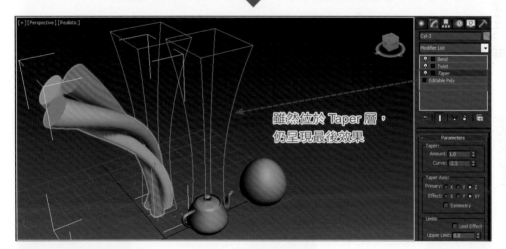

TIPS 小技巧

當 Modifier 呈現斜體字時，表示此 Modifier 有兩個以上的物件共同引用（Instance）。

c. ：在選擇參數關聯堆疊層時（斜體字樣）才可使用，按下此一按鈕將打斷參數關連的特性，變成獨立的 Modifier。與複本（Copy）所產生的類型相同。

d. ：直接點擊該按鈕，將會刪除選擇中的 Modifier。

> 💬 SUGGESTION 重點提示
>
> 千萬不要試圖直接按 Delete 按鍵，這將會將物件整個刪除掉。

e. ：切換以分類方式呈現 Modifier List。請先勾選「Show Buttons」來顯示分類按鈕。

f. 　:效果開關,按下呈現熄滅狀 　,可暫時性的開關此一 Modifier 效果。

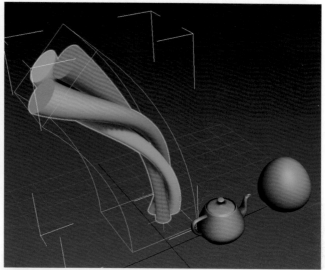

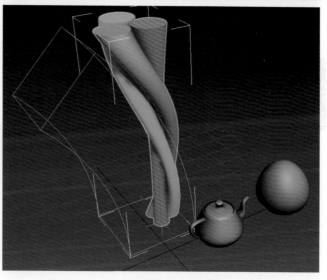

02 堆疊視窗是 3ds Max 最強大且最有彈性的功能之一,我們不用怕加上效果後,萬一將來後悔了,怎麼回到原始的模樣;這個功能很像 Illustrator 裡的「特效」,也很像 AfterEffects 裡的「Effects」都會保留原始的造型資料,是一個非常有彈性的工具模組,對於它的操作一定要很熟練才行喔!

3-2 物件的複製方式

課 程 概 要

在本章節,您將學到下列內容:

✓ 兩種物件複製的方式

✓ 三種複製的類型

3-2-1 物件的複製

物件的複製有兩種方式,一種是在原地複製,另一種是在他處複製。

01 原地複製:請打開「Clone-1.max」範例檔案。
STEP

a. 我們先選取花朵物件,選擇下拉選單「Edit > Clone」,其快速鍵是 Ctrl + V。

b. 我們也可以在視埠中按右鍵,打開快捷選單,挑選 Clone。

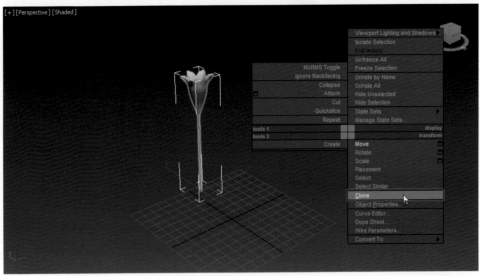

c. 接著畫面中會跳出一個對話框，我們直接按下『OK』按鈕就行了。

d. 原地複製顧名思義，複製的物件會與原物件重疊，我們只要用移動工具將之移開，就可檢查是否複製成功。

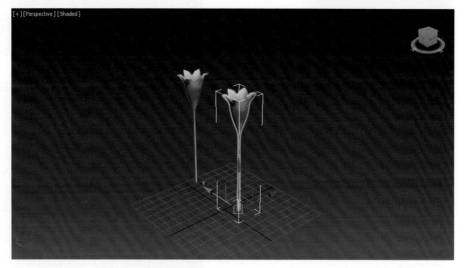

02 形變複製：利用三種形變工具來複製物件，也是最常用的方式，同樣使用「Clone-l .max」範例檔案。

a. 先按 Delete 刪除剛剛複製出來的花朵物件。

b. 按下 Move 按鈕，我們要讓它沿紅色的 X 軸移動，在移動之前，請先按住鍵盤上的 Shift 再拉動滑鼠。

c. 大約拉出一些距離後，鬆開 Shift 與滑鼠左鍵，同樣會跳出一個對話視窗，與剛剛原地複製不同的是，現在多了一個欄位「Number of Copies」，我們在欄位中填入 3，表示要複製出 3 支花朵來。

d. 按下『OK』按鈕之後,我們就得
到了 1 + 3 共 4 支花朵了。

e. 刪除剛剛複製出來的 3 支花朵。

f. 接下來,我們來試試看第二種形
變 Rotate。

g. 按下 Rotate 按鈕,同樣的按住
Shift,沿著 Z 軸旋轉大約 20 度。

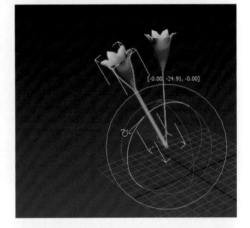

h. 鬆開 Shift 與滑鼠左鍵,在對話視
窗內同樣填入複製數量為 3。

i. 現在的場景中共有 4 支花朵。

j. 刪除剛剛複製出來的 3 支花朵,來試試看 Scale 形變。

k. 按下 Scale 按鈕,同樣的按住 Shift,等比例放大複製出 3 個來。

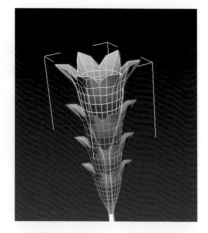

3-2-2 三種複製的類型

01
STEP 剛剛在我們複製物件時,於跳出來的對話視窗內,我們只討論數量的問題,現在我們要探討的是 Clone Options 視窗內的三個複製類型。

02
STEP 請先開啟「Clone-2.max」範例檔案。對三組花朵都採用移動複製的方法,朝 X 軸複製出 4 個來,但分別將複製類型設置為 Copy、Instance 與 Reference。

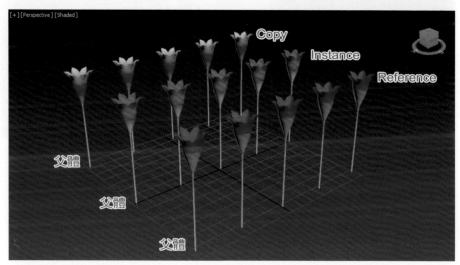

a. 以 COPY（複本）方式複製的物件，是各自獨立的個體。

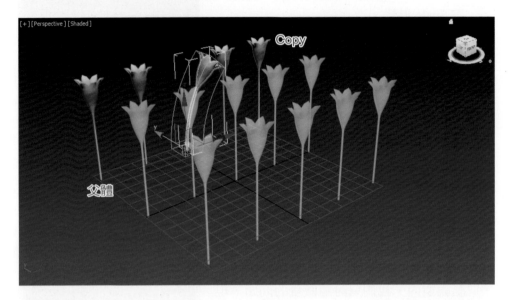

b. 以 Instance（引用）方式複製出來的物件，任何一個改變都會影響其他
物件。

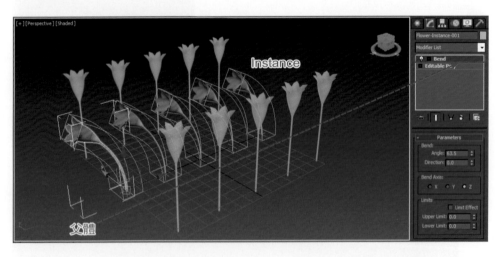

c. Reference（參考）：參照式的複製。原始物件為父體，複製出來的物件
都屬於子體。

● 父體改變的話子體會跟著改變。

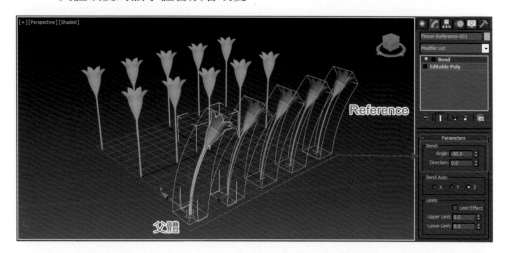

● 任一子體加上一個 Modifier，並不會影響到父體與其他子體。

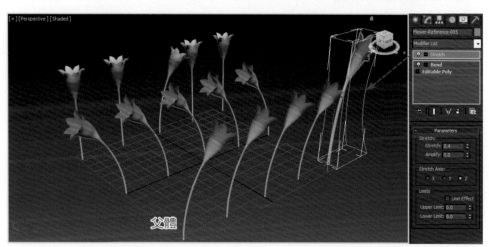

a. 使用 Copy 複製出來的物件，堆疊視窗內呈現正常字樣。

b. 使用 Instance 複製出來的物件，堆疊視窗內呈現粗體字樣。

使用 Reference 複製出來的物件，父體堆疊視窗內呈現粗體字樣，子體堆疊視窗內除了粗體字樣外，最上面還會加上一條粗線，表示粗線以下是父體給的（為一項參考物件、Modifier），粗線以上是子物件本身單獨加上去的 Modifirer。

3-3 Boolean（布林運算）

在本章節，您將學到下列內容：

√ 什麼是 Boolean

√ 兩個物件之間的 Boolean 運算

3-3-1 什麼是 Boolean？

什麼是 Boolean（布林）？我們先來看看下面幾張圖：

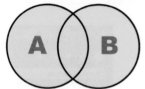 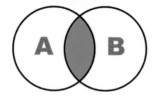 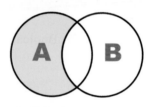

⬤ 聯集（Union）　　⬤ 交集（Intersection）　　⬤ 差集（Subtraction）

應該很熟悉吧！我們唸小學的時候都有學過的 A 集合與 B 集合的三種關係，應用在 3D 物件上的關係就是布林運算。

3-3-2 兩個物件間的 Boolean 運算

01 請先打開「Boolean.max」範例場景，在場景中有數個物件，均有重疊的部分。

02 在開始操作之前，我們先選擇「Edit > Hold」設定記錄點，將目前的場景狀況記住，將來可以隨時回到目前這個時間點的場景來。

03 開啟 Boolean 面板。

a. 點選「Obj-A」物件，切換到「Create > Geometry > Compound Objects」面板。

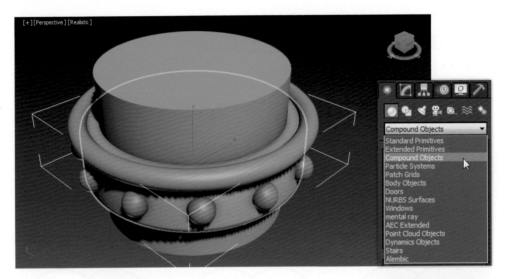

b. 按下『ProBoolean』按鈕。

04 進行差集運算對象
STEP

a. 在 Parameters 捲簾內，點選「Subtraction」（差集）
選項，再按下『Start Picking』按鈕。

b. 點選「Obj-B」物件，做為差集的運算對象，執行 Obj-A – Obj-B 的運算，產生如下圖。

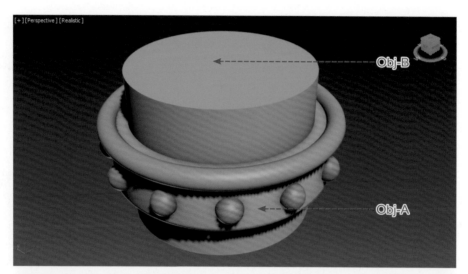

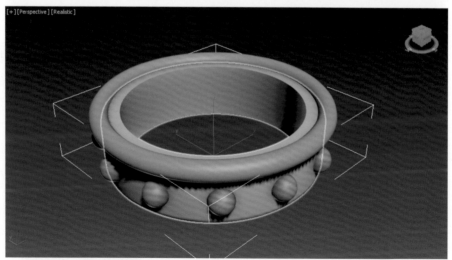

c. 保持『Start Picking』按鈕為啟用狀態，並且為 Subtraction 運算方式，
繼續點取「Obj-C」物件。

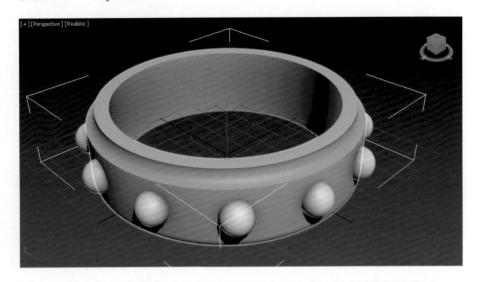

05
STEP 進行聯集運算

a. 更改 Boolean 運算方式為「Union」
（聯集）。

b. 點選環上外緣 12 個圓球物件
（OBJ-01 ～ OBJ-12），最後再
點擊『Start Picking』按鈕來關
閉 Boolean 運算功能。

c. 完成一個指環外型的物件。

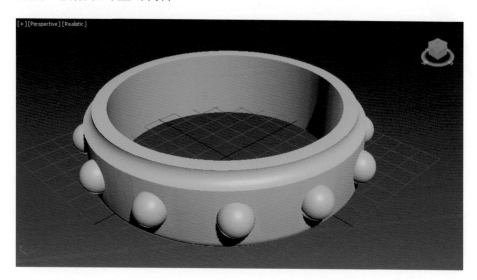

MEMO

CHAPTER

04

2D Shape 與模型製作

4-I 基本 2D Shape 繪製

在本章節，您將學到下列內容：

✓ 2D Shape 繪製

4-1-1 2D Shape 的重要性

　　2D Shape 是進行 3D 建模的基礎，2D Shape 的製作不熟練的話製作 3D 模型時一定會遭遇到很大的挫折；在 Max 裡的 2D Shape 是一種向量圖，也就是說您對其縮放，是不會影響到原來的精細度的。

4-1-2 2D Shape 面板的位置

01 首先我們要找到 2D Shape 面板，就在前幾個
STEP 章節製作基本物件的 Geometry 按鈕的右邊。

⫶⫶⫶ TIPS 小技巧

通常我們繪製 2D Shape 都是在 Top 視埠來作業。

02 Line（畫線）：
STEP

a. 點選 ▇▇Line▇▇ 按鈕，直接在視埠內點擊一下設定為起點位置，移動滑鼠
繼續點擊，在最後一個點點擊之後按右鍵結束。

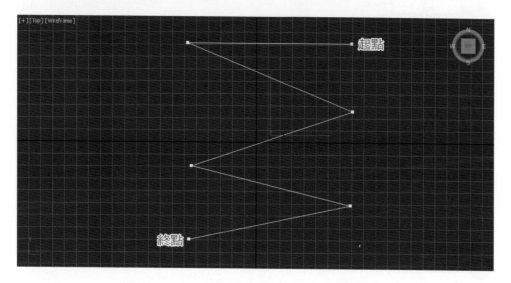

b. 同樣在 Top 視埠內，這一次在做點擊動作時稍微拖曳一下滑鼠，就可以
繪製出彎曲的曲線，同樣的按右鍵結束。

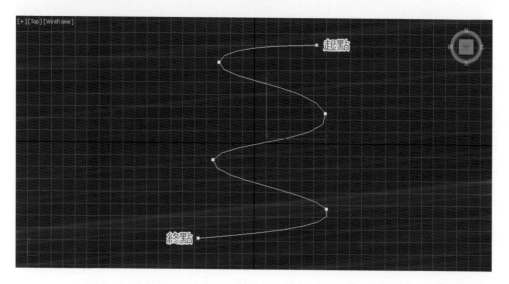

c. 如果我們的起點與終點位置很接近時，Max 會詢問您是否要封閉曲線，請選擇『Yes』按鈕。

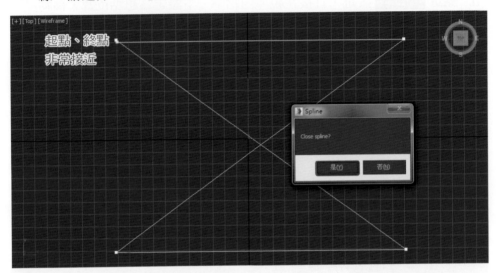

03 Circle（畫圓）：
STEP

a. 點選 Circle 按鈕，在視埠中按住滑鼠定義為圓形的圓心，拖曳出圓形。

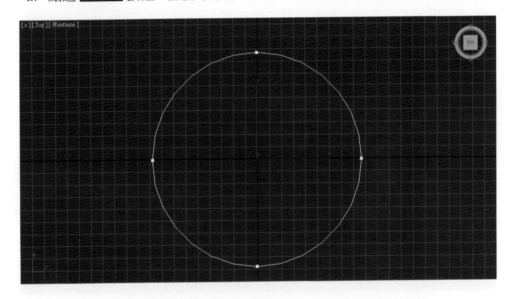

b. 同樣的在右邊的 Command Panel 面板內可以調整該圓的半徑。

04 Arc（畫弧）：
STEP

a. 點選按鈕 <kbd>Arc</kbd>，在視埠內按住滑鼠左鍵並拖曳，拉出一條直線，
代表弧線的弦長。

b. 放開滑鼠左鍵，開始移動游標，在適當弧形產生時單擊滑鼠左鍵，確定
其正確的形狀。

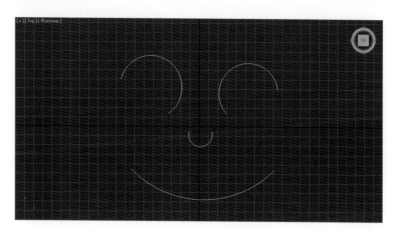

05 NGon（多邊型）：
STEP

a. 點擊 <kbd>NGon</kbd> 按鈕，在視埠中按住滑鼠左鍵定義多邊型的中心點，拖
曳出半徑，我們會得到一個六邊型。

b. 再於 Command Panel 上修改我們實際需要的邊數，甚至設定圓角半徑。

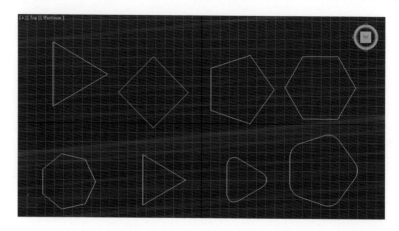

06 Rectangle（矩形）：

a. 點擊 Rectangle 按鈕，在視埠中拖曳滑鼠左鍵，定義出矩形的對角線長度。

b. 同樣的我們可於 Command Panel 上修改實際需要的大小，甚至設定圓角半徑。

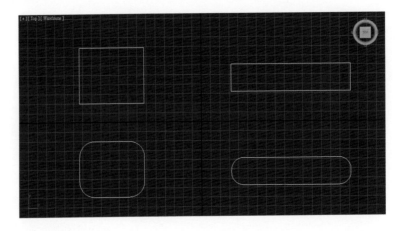

07 Ellipse（橢圓）：

a. 點擊 Ellipse 按鈕，在視埠中拖曳滑鼠左鍵，定義出橢圓的對角線長度。

b. 同樣的可以在 Command Panel 上調整橢圓兩軸的長度。

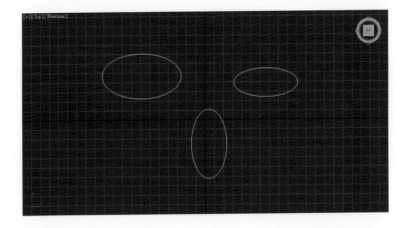

08 Donut（同心圓）：
STEP

a. 點擊 `Donut` 按鈕，點擊滑鼠左鍵確定圓心位置，拖曳出第一個圓形的半徑，鬆開滑鼠後，繼續移動滑鼠在第二個半徑大小處單擊左鍵完成同心圓。

b. Command Panel 上有兩個半徑 Radius1 與 Radius2 可以調整。

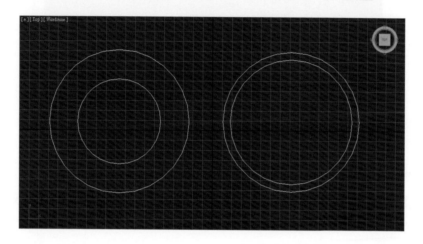

09 Star（星形）：
STEP

a. 點擊 `Star` 按鈕，比照繪製 Dount 的方法決定星形的兩個半徑。

b. 除了兩個半徑外還可以調整星形的尖角數量、扭曲與圓角。

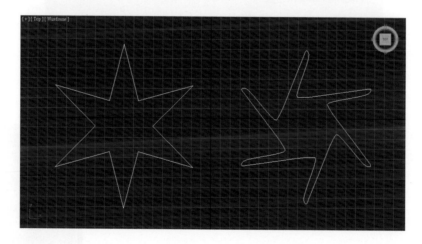

10 Helix（螺旋線）：
STEP

a. 點擊 ▐ Helix ▌ 按鈕，在透視視窗內拉出螺旋線的底半徑與高度。

b. 在 Command Panel 上可調整其半徑、高度、旋轉圈數與正或逆時針旋轉。

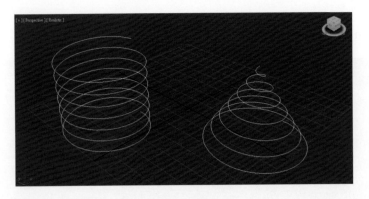

11 Text（文字）：
STEP

a. 點取 ▐ Text ▌ 按鈕，直接在視埠內點擊一下，會以預設的「MAX Text」文字呈現。

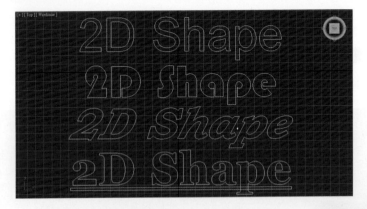

b. 再到 Command Panel 面板修改其字型、樣式、對齊、大小、字距、行距與文字內容。

12 Egg（卵形線）：

a. 點選 ▨ Egg 按鈕，在視埠內配合拖曳、放開滑鼠左鍵以產生內外平行的卵形線。

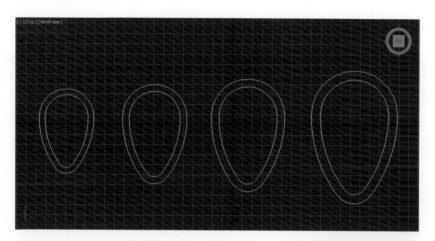

b. 於 Command Panel 面板內可以調整其長、寬、單複線切換、複線寬度、角度等參數。

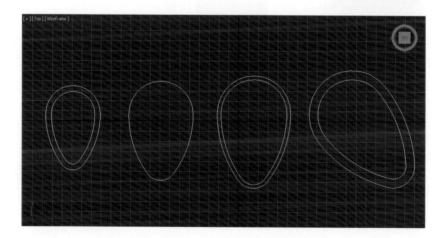

13 Section（剖面線）：

a. 這個工具比較特殊，並不是作造型繪製，而是會自動切割出場景中的物件在某高度上的剖面線來，請先打開「Section.max」範例檔案。

b. 點擊 Section 按鈕，在場景中拉出一個任意大小的平面。

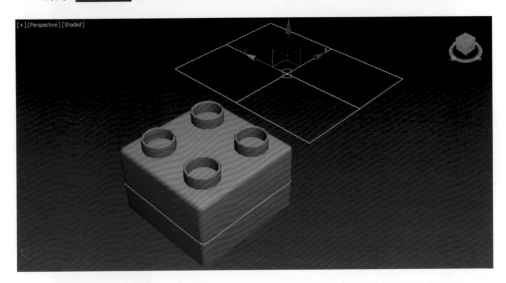

c. 在 Section 平面選取的狀態下，使用移動工具，沿著 Z 軸調整高度，這時我們會看到每個物件都有一條亮黃線出現在物件上。

d. 按下 Command Panel 上的 Create Shape 按鈕。

e. 此時會有一個對話視窗彈出，要我們輸入此一剖面線的名稱，在這裡您可以在 Name 欄位內輸入線條名稱，並按下『OK』按鈕。

f. 場景中會多了一條 Shape，您可以在視埠左側的快選視窗，選取此條 Shape 並將之移動出來。這就是剛剛 Section 高度上的剖面線。

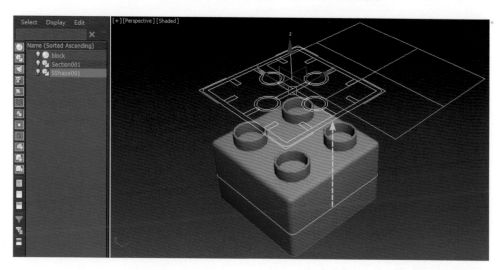

g. 我們也可以試著稍微旋轉 Section 平面的角度，剖出特殊角度的剖面線來。

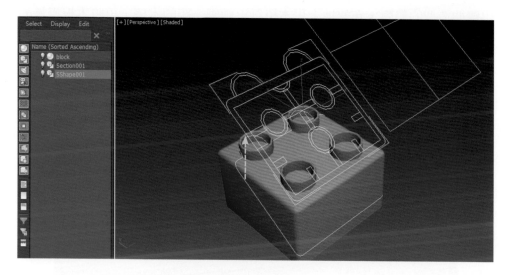

4-2　2D Shape 的編輯

在本章節，您將學到下列內容：

✓ 轉換 2D Shape 為 Spline

✓ 編輯 Sub-Object 層級

4-2-1 Edit Spline

　　上一節提到的製作 2D 造型的工具，都是製作基本、固定的造型，在實務上比較少遇到能直接套用的，通常都要作適度的編輯調整。調整 2D Shape 的動作叫做「Edit Spline」。

4-2-2 Spline 的由來

　　Spline 這個字源自於使用木材造船的時代，造船廠的工匠，為了要製作出彎曲造型的船版，在乾地上用木樁釘上兩兩一組的木樁，再將木板慢慢的彎曲卡放進去，這個手法叫做「ducks」，而所得到的物件就叫做「spline」。

4-2-3 轉換 2D Shape 為 Spline

01 除了使用 Line 畫出來的 2D Shape 外，其他的 2D Shape 都不能夠直接編輯，必須轉成 Spline，也就是要放棄參數調整的特性。轉換的方法是，選取一個 2D Shape，按滑鼠右鍵開啟快捷選單，挑選最底下的「Convert to > Convert to Editable Spline」（轉換為可編輯的曲線）。

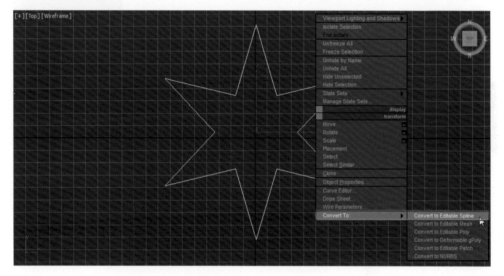

02 檢視一下堆疊視窗，原先的「Star」現在轉換為「Editable Spline」了。

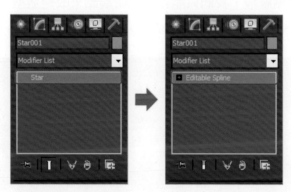

4-2-4 編輯 Sub-Object（子物件）層級

01 我們可以從三個面向來看 Editable Spline；在堆疊視窗內，Editable Spline 左邊有個小十字方塊，點開它就如同在檔案總管內察看目錄下的子目錄一樣，我們可以看到有三層分別為 Vertex、Segment、Spline。

02 我們可以用點選的方式來切換層級，或是直接按底下的三個按鈕來作層級的切換。

⊹ TIPS 小技巧

如果您要更加快速度來切換層級，可以按鍵盤上的「1」、「2」、「3」分別切換 Vertex、Segment、Spline。這裡指的是主鍵盤上的數字，不是右邊數字區的數字按鍵喔！

---

03 **Vertex**：頂點層級，我們只能藉由編輯端點來改變造型。

a. 當然我們可以藉由移動工具，任意的移動 Vertex 的位置。

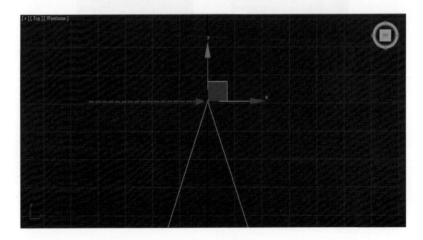

⋯╬ TIPS 小技巧

如果您覺得軸向座標會干擾您的操作的話，可以取消勾選「View > Show Transform Gizmo」將之暫時關閉，再點擊一次會再度顯示出來。

b. 目前我們的 Vertex 是個急轉彎的造型，這個外型當然是可以改變的。現在我們要將數個 Vertex 一起修改為彎曲的造型，請先框選數個 Vertex，點擊滑鼠右鍵開啟快捷視窗，我們可以看到左上角有四個選項，分別是 Corner、Smooth、Bezier、Bezier Corner。（我們不依照顯示的順序來介紹。）

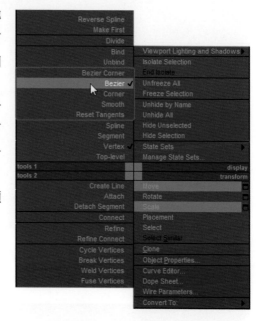

c. **Corner**：尖角點，急轉彎的尖角造型，僅能調整位置，不能調整其角度。

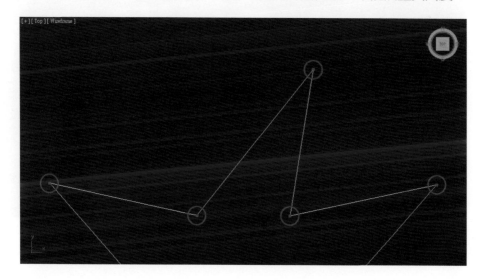

d. **Smooth**：平滑點，將點轉換為平滑曲線，但仍與原始的頂點呈相切狀態，無法調節其平滑程度。

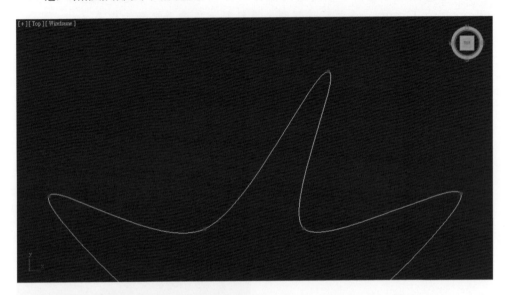

e. **Bezier**：貝茲曲線，提供兩根連續的拉桿，沿拉桿方向調整長度，可以改變該點彎曲的程度；調整拉桿的角度可以改變該點彎曲的方向。

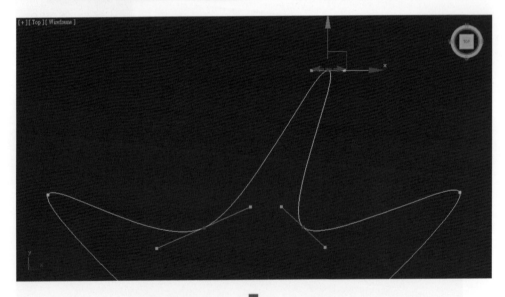

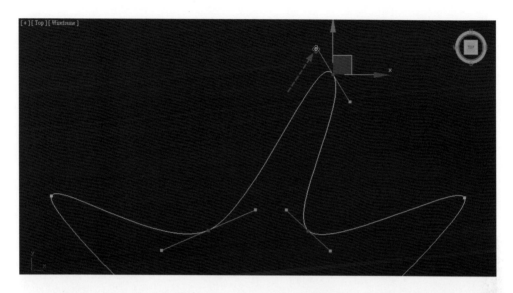

f. **Bezier Corner**：貝茲尖角點，跟 Bezier 很類似，不過兩根拉桿可以為不連續，可以製作出急轉彎的彎角造型。

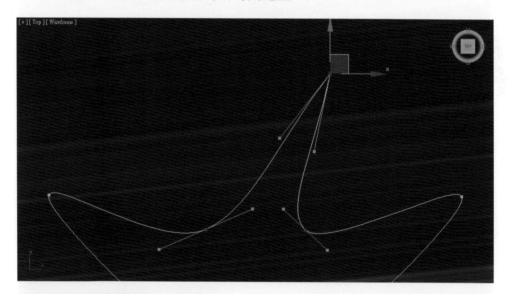

TIPS 小技巧

在 Vertex 處於 Bezier 的狀況下，按住 Shift 按鍵，然後移動拉桿端點，可以直接將 Bezier 轉成 Bezier Corner 模式喔！

04 **Segment**：線段層級，在這個層級中，我們能夠調整的是兩個 Vertex 間
STEP 的區段，我們可以對選取的 Segment 做移動、旋轉與縮放的動作。移動
的同時，會影響附近的兩條 Segment。

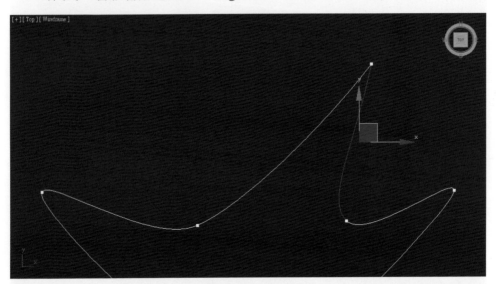

05 **Spline**：線條層級，可選取整條的 Spline。
STEP

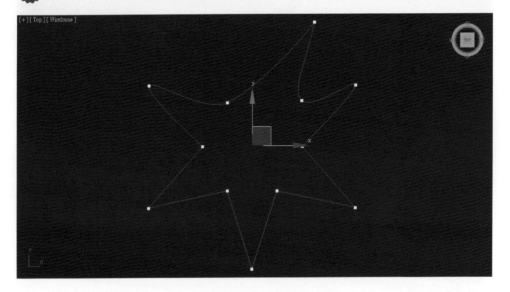

一條 Editable Spline 可能擁有很多條獨立的 Spline，那怎麼區分 Spline 呢？我們觀察下圖，每一條線都會有且僅有一個白色的 Vertex，此點就是該線條的起點（First Vertex）；我們只要數一數造型中有幾個這樣的 Vertex 的點就代表此線包含了幾條的 Spline。

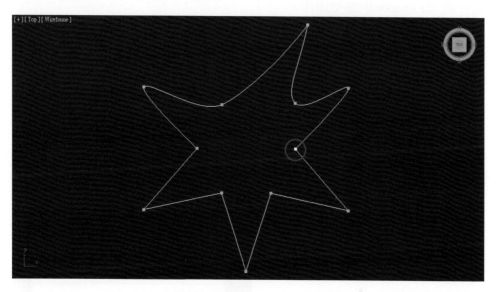

4-3 描圖功能

4-3-1 描圖功能概述

有些時候，業主無法提供產品、公司 CI 的原始圖檔，但又需要製作產品的 3D 模型作為展示之用，此時就必須使用背景描圖的功能。在此特別強調，3ds Max、Maya 都是屬於視覺效果的產品，所謂視覺效果的產品，就是不需要太講求尺寸精密，不需要像 AutoCAD、Inventor、Revit 等產品，要求百分之百精準，但也不能太過誇張不實。

4-3-2 繪製 Multi-Tool

　　在這個範例裡，我們要繪製一個目前蠻流行的隨身多用途工具（Multi-Tool），這類工具目前在各大集資平台上非常熱門，它的幾何造型非常適合拿來介紹 2D Shapes 的造型操作。

4-3-3 設定單位尺寸

01 將 3ds Max 重設（Reset）。

02 執行 Customize > Units Setup…選項。

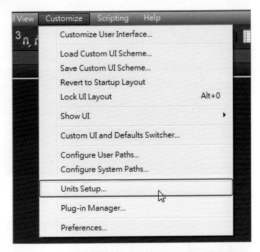

03 在 Display Unit Scale 欄位內將顯示單位設定為公釐（mm，Millimeters）。

04 按下『System Unit Setup』按鈕，將 System Unit Scale 也設定為公釐
（mm，Millimeters）。

05 分別按下兩個視窗的『OK』按鈕作單位設定的調整。

4-3-4 製作背景參考圖版

01 在左上角的 Top 視埠內點擊滑鼠右鍵，並將之最大化。

⟶∤ TIPS 小技巧

您可以按下 Alt+W 將目前的工作視埠最大化，或切回原來四分割的視埠
狀態。

02 點選 Command Panel 上 Create 標籤內的 Plane 按鈕。

03 展開下方的「Keyboard Entry」捲簾，在其 Length、
Width 欄位分別輸入 60mm 與 40mm，最後按下
『Create』按鈕，此時會在座標 0,0,0 處產生一個長
60mm 寬 40mm 的平面。

04 將「Parameters」捲簾內的 Length Segs 與 Width Segs
均設定為 1。我們只需要 1 個 Segment 的平面。

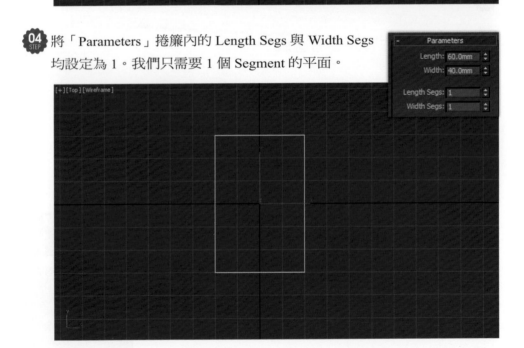

4-3-5 貼上參考圖像

01 使用 Windows 檔案總管，找到本書附贈的光碟內本章節內的「Sketch.
STEP jpg」圖檔。

02 按住滑鼠左鍵將圖片拖曳到 Plane 的外緣線上，請注意此時滑鼠旁將會
STEP 有一個 + 號，此時放開滑鼠左鍵，完成圖片的指定。

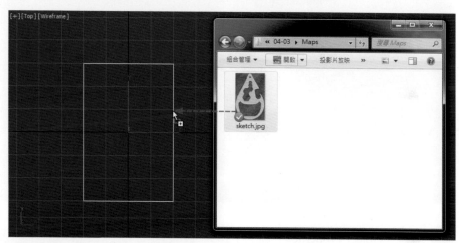

03 按一下鍵盤上的『F3』按鍵，檢查圖片是否指定成功。
STEP

04 點選 Plane 的邊緣以選取此一物件，將物件名稱更
改為「Background」。

05 在視埠內點擊滑鼠右鍵，點選「Object Properties…」選項。

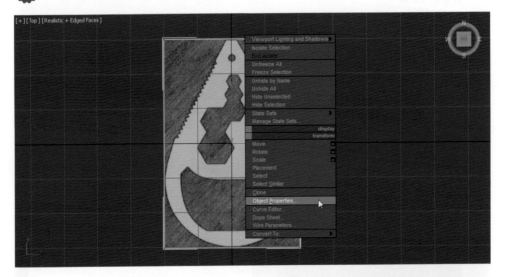

06 勾選「Object Properties」視窗內的
「Freeze」選項，並取消勾選「Show
Frozen in Gray」選項，並按下 OK
按鈕；這將會凍結此一物件無法選
取、變更，但又不會呈現灰色無圖
像顯示的狀態。

07 您也可以直接開啟光碟內的「Multi-
Tools.max」檔案往下操作。

4-3-6 建立外框造型

01 在 Command Panel 內，按下 Create 標籤面板內的
『Shapes』按鈕，切換到 2D 造型線類別，並按下下
方的『Circle』按鈕。

02 展開 Keyboard Entry 捲簾，在 Radius 欄位內輸入
20，表示在座標 0,0,0 處建立一個半徑 20mm 的圓
形，最後按下『Create』按鈕來產生圓形造型。

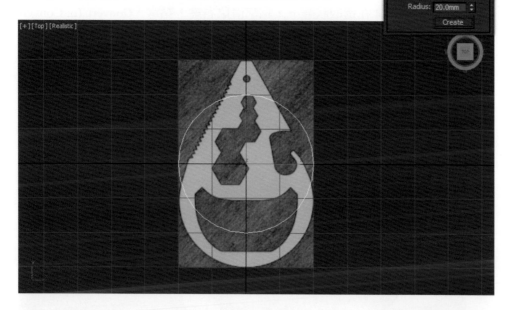

03 將此圓形名稱改為「Multi-Tool」，顏色可以自訂。

04 使用移動工具,將之沿 Y 軸往下移動到吻合參考圖底部圓弧的位置。
STEP

05 確認 Multi-Tool 在選取狀態下,點擊滑鼠右鍵,點選「Convert To: Convert
STEP to Editable Spline」,將之轉換為 Spline 以方便後續的外型修改。

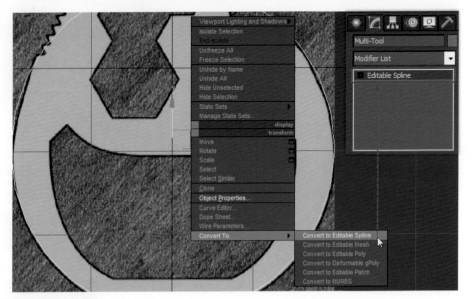

06 切換到 Vertex 層級，點選最上方的頂點，沿 Y 軸移動到參考圖的頂端。
STEP

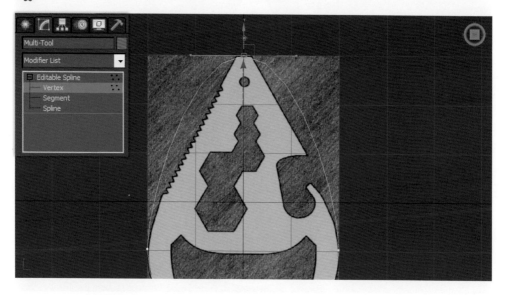

07 點擊滑鼠右鍵，在選單中點選「Corner」選項，將此頂點轉換為 Corner
STEP 模式，使之呈現尖角造型。

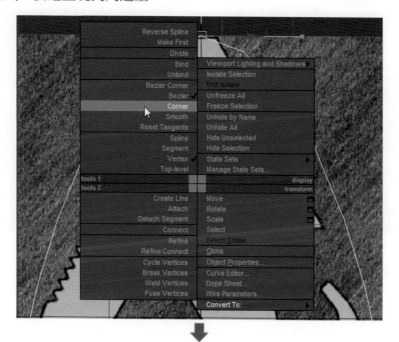

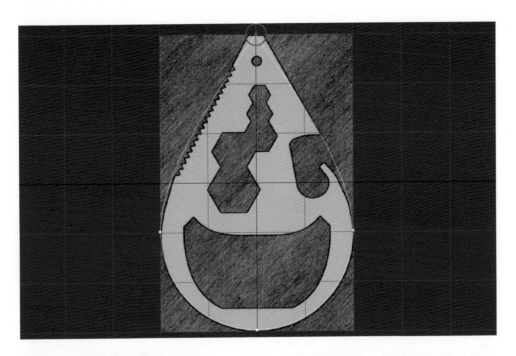

08 使用移動工具將此頂點沿 Y 軸向上移動到如下圖所示。

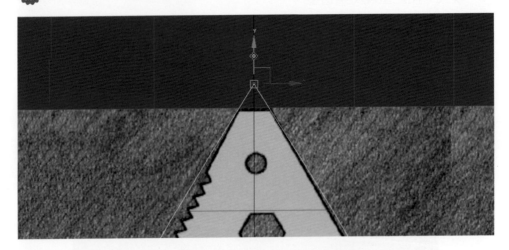

09 點擊 Command Panel 上的『Chamfer』按鈕，按住此一頂點向上拖曳，將尖角造型修改為斜角造型，操作完成後請再按一下『Chamfer』按鈕，將功能關閉。

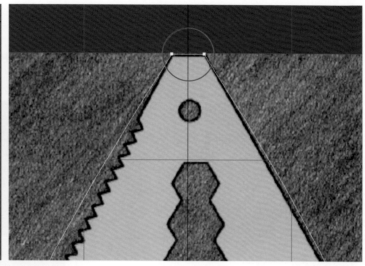

10
STEP 調整下圖所示四個頂點的調整拉桿,使之盡量吻合參考圖,若必要時可
以將頂點轉換為 Bezier Corner 來進行修改。

4-3-7 開瓶孔製作

01 切換到 Spline 層級,並點選
整條造型線。

02 按下 Command Panel 上的『Outline』
按鈕。

⋯⋮⋯ TIPS 小技巧

您可以按一下鍵盤上的『G』按鍵,來關
閉 3ds Max 的網格(Grid)顯示,以免網
格干擾我們的操作。

03 按住造型線的任一處,拖曳滑鼠,向內複製出平行線,注意要切齊下圖
中背景圖的兩個點。

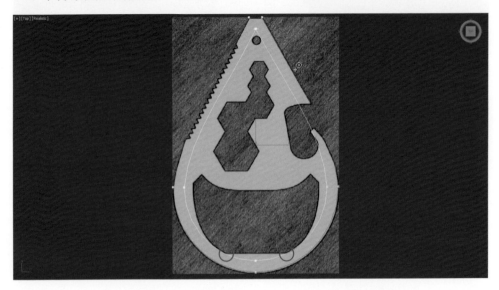

04 切換到 Vertex 層級，將兩側的頂點移動到下圖位置，並調整拉桿，使
STEP 其下方曲線弧度吻合參考圖。

05 框選頂端的頂點部分，點擊 Command Panel 上的『Weld』按鈕，將此
STEP 處的多頂點焊接為單一頂點。

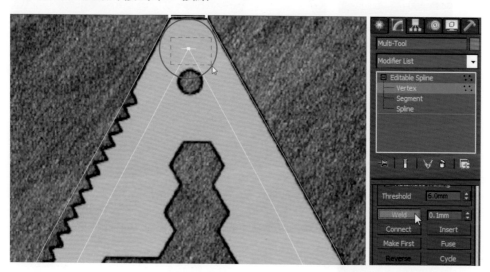

06 將此頂點沿 Y 軸向下移動到右圖
所示的位置上。

07 按下 Command Panel 上的『Refine』按鈕，在此頂點兩側上各點擊一
下，以新增兩個頂點，新增完成後請再點擊『Refine』按鈕將之關閉。

08 選取此處四個頂點，按右鍵將之轉換為 Bezier Corner 模式。

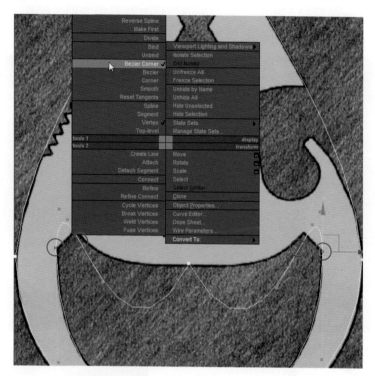

09 調整此四個頂點的拉桿，使曲線的弧度吻合參考圖。

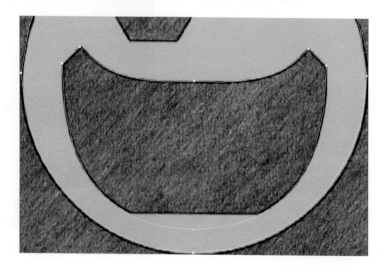

10 點選開瓶孔下方的頂點，按下 Command Panel 上的『Chamfer』按鈕，
STEP 按住此一頂點向上拖曳，將尖角造型修改為斜角造型，操作完成後請再
按一下『Chamfer』按鈕，將功能關閉。

11 此時已經完成開瓶孔的造型了。
STEP

4-3-8 開罐器製作

01 Multi-Tool 右側有一個缺口,它是用來打開罐頭的開罐器。

02 在 Command Panel 內,按下 Create 標籤面板內的『Shapes』按鈕,切換到 2D 造型線類別,並按下下方的『Line』按鈕。

03 滾動滑鼠滾輪,放大 Multi-Tool 右側部分。

04 簡易的畫出下圖造型，不用太考慮轉角的曲率，只要大約的外型就可以了。

05 切換到 Vertex 層級，按下 Command Panel 上的『Fillet』按鈕，分別按住這些頂點來拖曳，將下圖的尖角部分修飾為圓角角造型，操作完成後請再按一下『Fillet』按鈕，將功能關閉。

06 稍微調整一下各頂的的位置與拉桿，使其更吻合參考圖。
STEP

07 關閉 Line 的子物件層級。

08 點選 Multi-Tool 物件，按下 Command Panel 上的『Attach』按鈕，點選剛剛製作的 Line 造型物件，將之合併到 Multi-Tool 內，操作完成後請再按一下『Attach』按鈕，將功能關閉。

09 切換到 Spline 子物件層級，點選以選取 Multi-Tool 主體的 Spline 部分，先按下 Command Panel 上『Boolean』按鈕旁的『Subtraction』按鈕，再按下『Boolean』按鈕，最後點選剛剛合併進來的 Line 造型物件，進行差集運算，操作完成後請再按一下『Boolean』按鈕將功能關閉。

◆◇◆ TIPS 小技巧

如果無法進行 Boolean 運算，有幾個可能性請排除：

1. 兩條造型線尚未進行 Attach 合併。

2. 兩條造型線有一條以上不是封閉曲線。

3. 兩條造型線無重疊部分。

4. 兩條造型線重疊部分，可能附近有頂點存在（可稍微移動一下頂點位置）。

4-3-9 六角螺絲孔製作

01 **STEP** 因為六角螺絲孔的大小是國際公定的尺寸，所以我們直接以實際尺寸來繪製。

02 **STEP** 我們會用到的幾個六角螺絲孔由大到小尺寸如下：

編號	Type A	Type B	Type C	Type D	Type E
螺絲尺寸	3/8"	5/16"	1/4"	3/16"	5/32"
外切圓半徑	4.7625mm	3.95mm	3.175mm	2.37mm	1.984mm

03 在 Command Panel 內，按下 Create 標籤面板內的
『Shapes』按鈕，切換到 2D 造型線類別，並按下下
方的『NGon』按鈕。

04 於 Parameters 捲簾內點選「Circumscribed」（外切圓）；展開 Keyboard
Entry 捲簾，Corner Radius 欄位固定設定為 0.3mm；於 Radius 欄位分
別輸入 Type A ～ Type E 的半徑尺寸，並分別按下『Create』按鈕產生
五個六角型。

 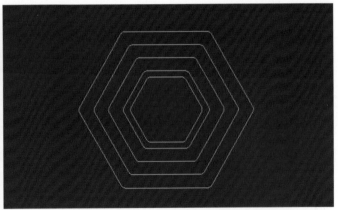

-:|:- TIPS 小技巧

您可以將重疊的五個六角型，一起移動到參考圖外側以方便操作。

05 如果我們將此五個六角型一個疊著一個排列，會產生很多缺角（如下
頁左圖），不甚美觀，因此我們要將這五個六角型，彼此部分重疊排列
（如下頁右圖）。

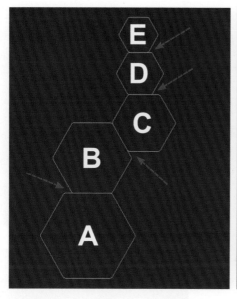
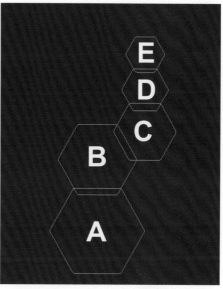

06 要操作以下的動作，必須要使用相對座標模式，請按下 Status bar 上的 Absolute/Offset Mode 切換開關。

07 按下移動工具按鈕，並選取 Type B ～ E 四個六角型，在 Status bar 的 Y 軸向欄位內，輸入 8.0，最後按下鍵盤上的 Enter 按鍵，將此四個六角型沿著 Y 軸正方向（向上）移動 8mm 的距離。

08 選取 Type C～E 三個六角型，在
STEP Status bar 的 X 軸向欄位內，輸入
5.46，Y 軸向欄位內，輸入 3.15，
兩個欄位輸入數值後均要按下鍵
盤上的 Enter 按鍵，將此三個六角
型沿著 X 軸正方向（向右）移動
5.46mm，Y 軸正方向（向上）移動
3.15mm 的距離。

09 選取 Type D、E 兩個六角型，在
STEP Status bar 的 Y 軸向欄位內，輸入
4.7，並按下鍵盤上的 Enter 按鍵，
將此兩個六角型沿著 Y 軸正方向
（向上）移動 4.7mm 的距離。

10 最後選取 Type E 六角型，在 Status
STEP bar 的 Y 軸向欄位內，輸入 3.968，
並按下鍵盤上的 Enter 按鍵，將此
六角型沿著 Y 軸正方向（向上）移
動 3.968mm 的距離。

11
STEP
將此五個六角型，一起移動到
參考圖上向對應的位置。

12
STEP
選取 Multi-Tools 造型物件，使用 Attach 功能將五
個六角型合併進來。

13
STEP
切換到 Spline 子物件層級，選取 Type A 部分，
先按下 Command Panel 上『Boolean』按鈕旁的
『Union』按鈕，再按下『Boolean』按鈕，接著點
選 Type B 部分為聯集對象，依次點選 Type B、
Type C、Type D、Type E 的部分，進行聯集運算，
操作完成後請再按一下『Boolean』按鈕，將功能
關閉。

14 這樣就完成了六角螺絲孔的
STEP 製作。

4-3-10 鋸子製作

01 切換到 Vertex 子物件層級，
STEP 按下『Refine』按鈕，在參考
圖左側鋸子的起點與終點的
位置上，各加上一個 Vertex，
操作完成請關閉『Refine』按
鈕。

02
STEP
選取這兩個頂點,點擊滑鼠右鍵,由選單中選取 Corner 選項,將之轉換為 Corner 類型的頂點。

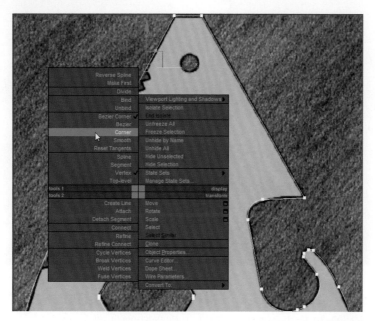

03
STEP
切換到 Segment 子物件層級,點選剛剛新增的兩個頂點間的 Segment。

04
STEP
在 Command Panel 內,『Divide』按鈕旁的欄位輸入 37,並按下『Divide』按鈕,在此 Segment 內加入 37 個均分頂點。

05 切換到 Vertex 子物件層級，按住 Ctrl 按鍵，跳著選取這一排的頂點，
並將之向內移動少許距離，製造出鋸齒狀的外型。

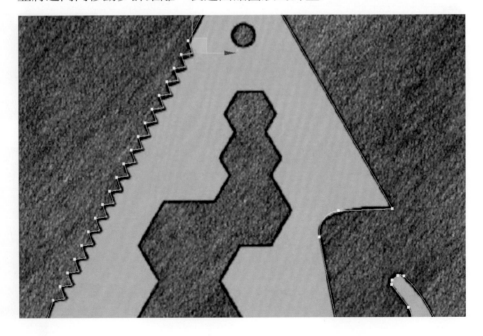

4-3-11 鑰匙圈孔製作

01 在 Command Panel 內， 按 下 Create 標籤面板內的『Shapes』按鈕，切換到 2D 造型線類別，並按下下方的『Circle』按鈕。

02 展開 Keyboard Entry 捲簾，在 Radius 欄位內輸入 1，表示在座標 0,0,0 處建立一個半徑 1mm 的圓形，最後按下『Create』按鈕來產生圓形造型。

03 將此圓形移動到頂端，參考圖所示的位置上。

04 點選 Multi-Tool 造型物件，使用 Attach 功能將剛剛建立的圓形合併進來，完成此一工具的描圖製作。

05 保持 Multi-Tool 在選取狀態下，點擊滑鼠右鍵，在清單中選取「Hid
STEP Unselected」選項，這會將選取物件以外的所有物件都隱藏起來。

⋯┋⋯ TIPS 小技巧

您也可以關閉快選視窗內 Background 物件名稱前
的燈泡符號，來隱藏物件。

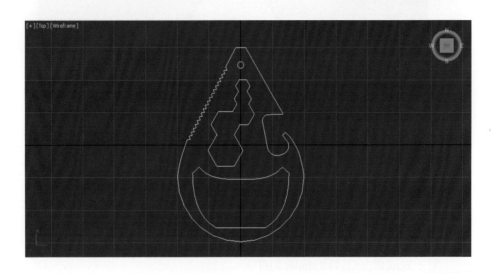

4-4 Spline 的精細度調整與彩現

在本章節，您將學到下列內容：

✓ Spline 的精細度

✓ Spline 的彩現

4-4-1 Spline 的精細度

01 我們繼續使用上個小節的成品，請開啟「Multi-Tools-Final.max」。

02 仔細觀察此工具的線條，是不是會覺得圓弧的地方不是很平順，好像一段一段的，之前不是有提到 Max 的 2D Shape 是向量的嗎？怎麼會這樣呢？

03 原來，Max 畫出來的弧形，在兩個 Vertex 之間預設會補上 6 個隱藏的「內插點」。也就是說，在兩個 Vertex 間的弧線是以 7 小段的直線所連接構成的。

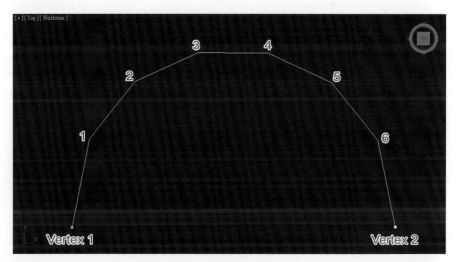

04 我們只要修改在兩個 Vertex 間的插入點數量，就可以控制線的彎曲平滑度了。

05
STEP
選取工具物件，在 Command Panel 內打開 Interpol-
ation 捲簾，目前 Steps 欄位內的數字為 6，就是剛
剛提到的預設內插 6 個點，只要提高此一數值就可
以提高弧線的平滑程度；勾選 Optimize 是表示當

兩個 Vertex 之間為直線時，不補任何的內插點，在直線間補上 100 個
點，並不會「更直」，只會浪費系統資源而已，所以 Optimize 選項通常
都是勾選的。

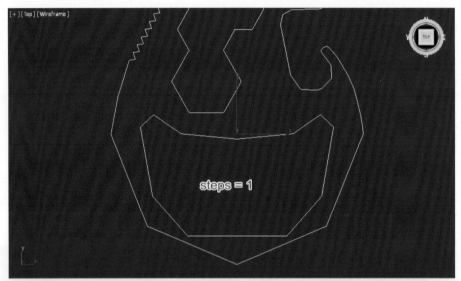

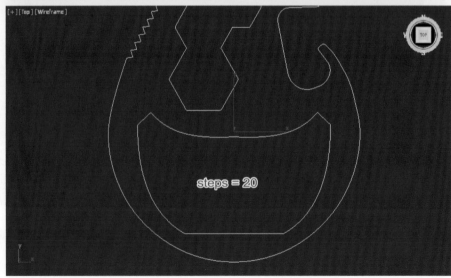

06 那到底該設定多少比較恰當呢？如果不確定的話，建議您勾選底下的 Adaptive（最適化），讓 Max 幫我們判斷目前的比例大小應該設定多少的 Steps。

4-4-2 Spline 的彩現

01 現在我們試著彩現一下場景，請按下 Main Toolbar 上的最右邊的 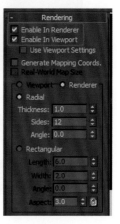 進行快速彩現。

02 可是彩現出來的畫面卻是漆黑一片，因為線的定義是沒有粗細的，但是在 Max 裡是允許線被彩現出來的。

a. 打開 Command Panel 裡的 Rendering 捲簾，勾選 Enable In Renderer 讓線允許被彩現出來，順便也勾選 Enable In Viewport，讓我們在視埠中可以看到線的粗細。

b. 我們可以調整捲簾裡的 Thickness 數值來調整線條的寬度。

c. 切換到 Perspective 視埠，放大模型來觀察，我們可以發現，之所以能夠看到線，是因為 Max 在線上套上了管狀物的緣故。

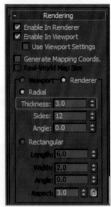
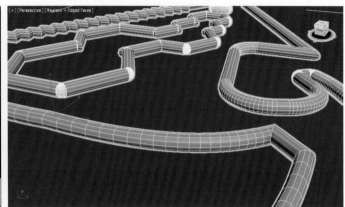

d. 捲簾內的 Sides 數量可以控制圓管剖面上的分段數，分段數越多圓管剖面就越圓滑。

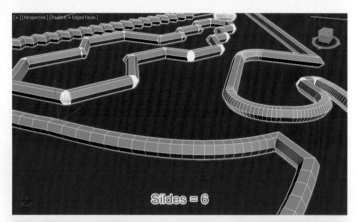

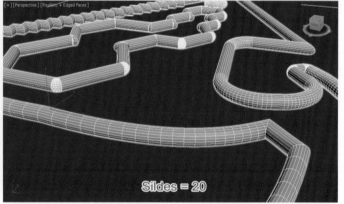

> 💬 SUGGESTION 重點提示
>
> Renderable Spline 是對 Spline 作模型化動作,所以設置過高的 Sides 會
> 造成模型面數暴增,拖慢系統的效能。

e. 如果再勾選 Use Viewport Settings 選項,底下原本
不能選擇的 Viewport 選項就可以選了,也就是我們
可以針對 Viewport 與 Renderer 作不同的設置。

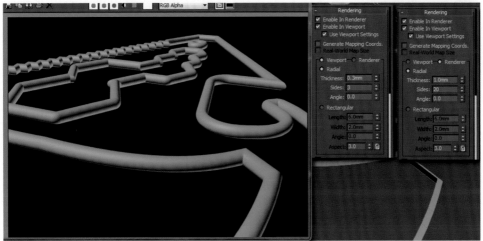

f. 聰明的您應該猜到它的功能了吧!我們可以在 Viewport 內設置很低
的 Sides 數量,只要能看得出粗細就好了。在 Renderer 內設置較高的
Sides 數量。這樣我們在視窗檢視時不會因為模型的面數太高,導致系
統變慢,而在彩現的時候 Max 就會改採用高的 Sides 幫我們繪製出高精
細度的模型來。

g. 最終結果請參考「Multi-Tools-Rendering.max」。

4-5　由 2D 造型轉成 3D 造型

在本章節，您將學到下列內容：

✓ Extrude

✓ Bevel

✓ Lathe

4-5-1　Extrude（擠出）

01 上一個小節我們僅僅讓 Logo 能以描線的方式彩現出來，而現在我們
STEP 要將 2D 的線造型，轉換為實體的 3D 造型，您可以沿用上一小節的場
景，或者開啟「Multi-Tools-Extrude.max」範例檔案。

a. 選取工具線條，並關閉 Renderable 的功能。

b. 從 Modifier List 選單內選取「Extrude」，為此工具加上擠出的 Modifier，
現在的工具已經不再是線造型，而變成面造型了。

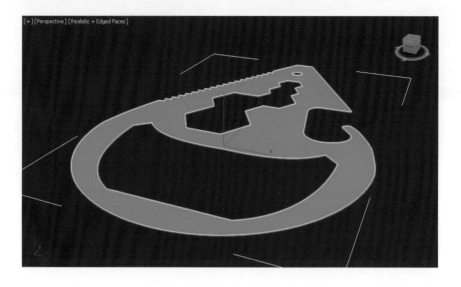

c. 調整 Command Panel 裡的 Amount 數量，就可以增加其厚度。

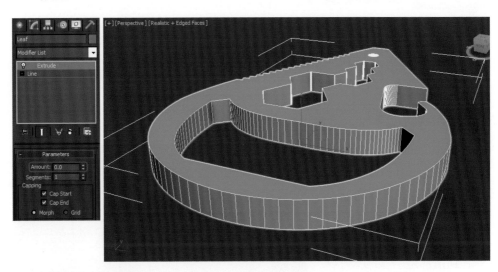

Extrude 的原理就像是擠牙膏時牙膏經過管口時變成圓柱的外型，如果將牙膏口改成星形，擠出的牙膏就是星柱形囉！

d. 底下有一個 Segments 欄位，在這裡指的是高度上的節面數量。

e. 很容易的，2D 的造型，現在變成 3D 模型囉！

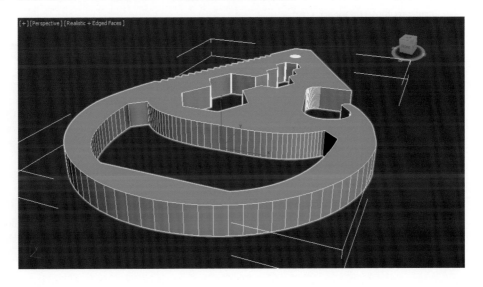

4-5-2 Bevel（斜角）

01 點選堆疊視窗內的 Extrude，按一下底下的 🔒 將之刪除，使得目前的堆疊視窗內只有 Editable Spline 一項；或者直接開啟「Multi-Tools-Bevel. max」範例檔案。

02 這裡我們希望 Logo 的剖面能有一些變化。

a. 從 Modifier List 選單內選取 Bevel，為此 logo 加上斜角的 Modifier，這跟 Extrude 很像，但差別在於 Extrude 從底到頂都是一樣的大小，而 Bevel 可以自訂三層的大小縮放，如右圖。

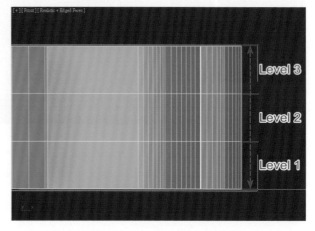

b. 我們先在 Command Panel 裡設定 Level 1：Height 設定為 1.0，Outline 設定為 0；勾選 Level 2，其 Height 設定為 0.5，Outline 設定為 -0.5，我們將得到的模型如下圖。

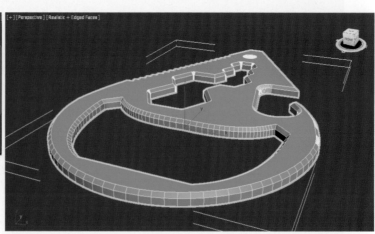

⋯⫶ TIPS 小技巧

Outline 數值若為正值，將往外斜角；反之則往內斜角。

c. 接下來，我們要將模型製作成上下兩層為斜角，中段為垂直的線段。

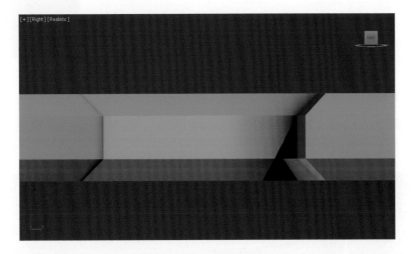

d. 在 Command Panel 裡的將三層分別調整：Level 1：Height 為 0.5，Outline 為 0.5；勾選 Level 2，Height 為 1.0，Outline 為 0.0；勾選 Level 3，Height 為 0.5，Outline 為 -0.5。

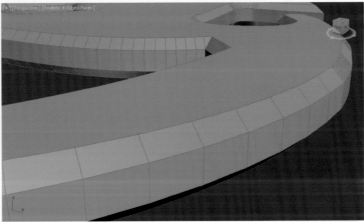

e. 最後我們必須根據第一層的 Outline 為 0.5，設定最上方的 Start Outline 為 -0.5 來抵銷放大的效應。

03 除了做斜角外，Bevel 也可以做出圓角造型。
STEP

a. 打開 Parameters 捲簾，勾選 Curved Sides，並將 Segments 設定為 3 以上，才能看到圓角出現。

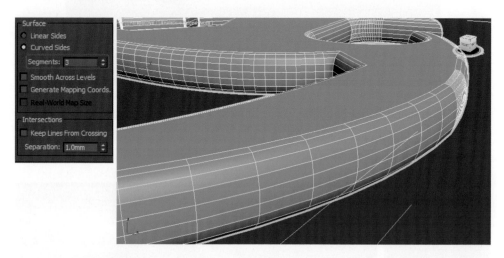

⠿ TIPS 小技巧

不要一味的增加 Segments 數量，因為這個數值不單單增加圓角部分的 Segments，連直線部分也會一起增加，這樣模型的面數會暴增，尤其在製作文字時，常常會導致當機狀況。

b. 另外，Smooth Across Levels 開關能控制層與層間的分隔線是要出現，或者做圓滑處理。

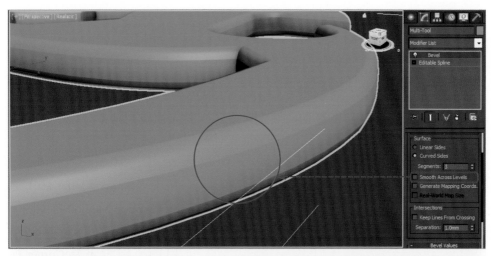

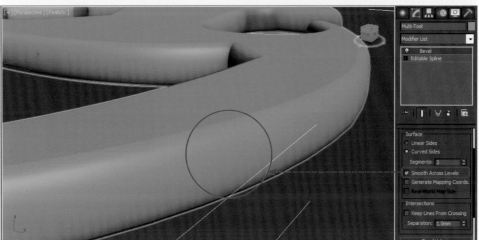

c. 完成圖。

4-5-3 Lathe（旋轉成形）

01 在這個小節裡，我們要來製作另一種 3D 模型，此類模型外型類似圓柱體，像是玻璃杯、寶特瓶。

02 我們要以一個簡單的維他命瓶來做說明，首先須繪製基本外型。

03 瓶蓋粗略外型

a. 切換到 Front 視埠來繪製 2D 造型。

b. 在 Command Panel 面板上，點擊切換到 Shape 面板。

c. 按下『Line』按鈕，於下方的 Creation Method 捲簾內，Initial Type 與 Drag Type 項目內，均設定為 Corner 模式。

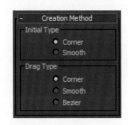

d. 按下 Main Toolbar 上的 『Snap』按鈕，並點擊滑鼠按右鍵，設定鎖點模式為 Grid Points；設定視窗先不用關閉，將之放置在視埠角落。

e. 在 Front 視埠內 Y 軸上點擊將 Line 起點鎖定在 Y 軸上，接著關閉鎖點功能。

Snap 功能可以按鍵盤的『S』按鍵來快速啟動與關閉。

f. 以點擊的方式，在視埠內繪製如下圖形，在點擊的過程中，如果需要繪製水平、垂直時，可以按住 Shift 按鍵來鎖定滑鼠水平、垂直移動。

g. 將瓶蓋命名為「Lid」。

04 瓶身粗略外型
STEP

a. 使用 Line 工具，由上往下繪製瓶身的部分大致的外型。

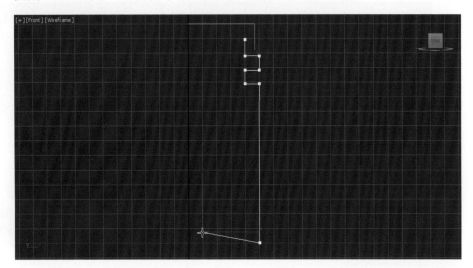

b. 點擊最後一個頂點前，請按一下『S』按鍵啟動 Snap 功能，將最後一個頂點鎖定在 Y 軸上。

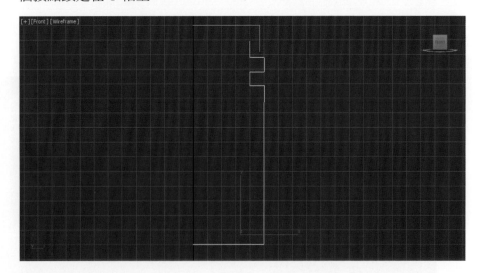

c. 將瓶蓋命名為「Body」。

d. 您也可以直接開啟「Lathe.max」檔案來繼續製作。

05 瓶蓋細部外型修飾
STEP

a. 點選 Lid 線條物件，切換到 Spline 子物件層級。

b. 點選整條 Spline，按下 Command Panel 面板內的
　　 Outline 『Outline』按鈕。

c. 在視埠內的 Spline 上，按住滑鼠左鍵向內產生平行線，當作瓶蓋的厚度。

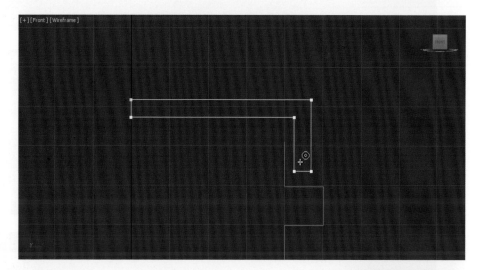

d. 切換到 Segment 子物件層級。

e. 點選最左側的垂直線段，按鍵盤上的 Delete 按鍵將之刪除。

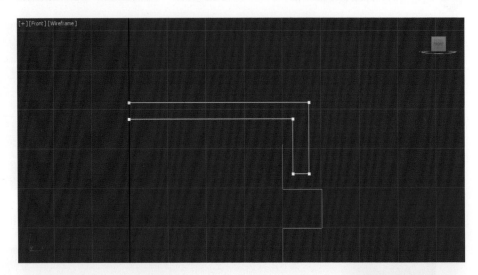

f. 切換到 Vertex 子物件層級。

g. 按下 Command Panel 面板上的 Fillet 『Fillet』按鈕。

h. 在右側的頂點上分別拖曳滑鼠左鍵，產生如下圖的圓角造型。

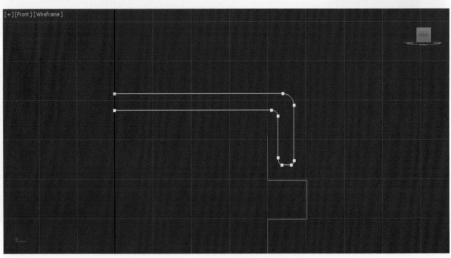

i. 再次按下 Command Panel 面板上的 Fillet 『Fillet』
按鈕來關閉 Fillet 功能。

j. 關閉子物件層級。

06 瓶身細部外型修飾

a. 同樣使用瓶蓋的作法,使用 Outline 功能製作出瓶子的厚度。

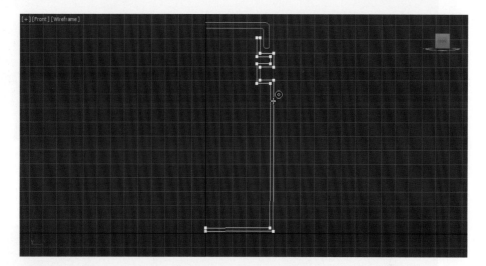

b. 同樣刪除掉最左側的 Segment。

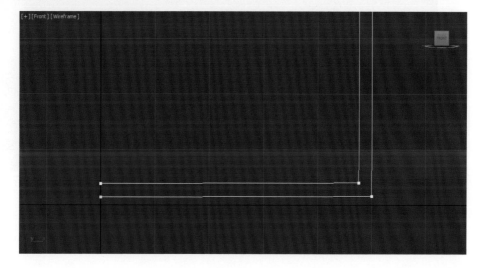

c. 切換到 Vertex 層級，選取最左側的 Vertex，垂直向上移動以產生略微凹下的平底外型。

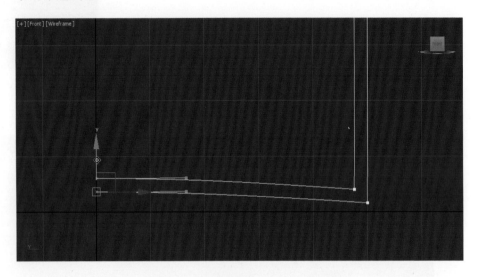

d. 按下 Command Panel 面板上的 Fillet 『Fillet』按鈕。

e. 修飾瓶身上直角的部分。

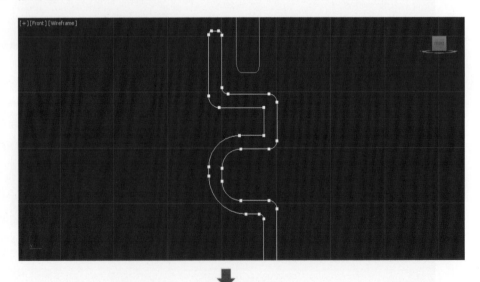

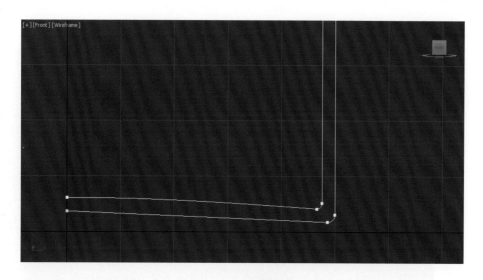

f. 再次按下 Command Panel 面板上的 〔 Fillet 〕『Fillet』按鈕來關閉 Fillet 功能。

g. 按下 Command Panel 面板上的 〔 Refine 〕『Refine』按鈕。

h. 在瓶子下方接近底部處，內外兩條線段上，各加上 3 個 Vertex。

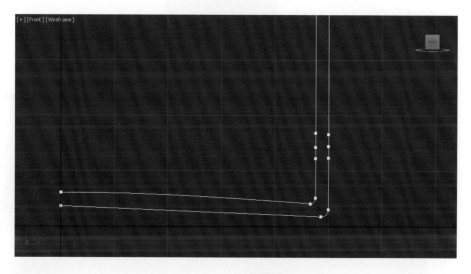

i. 再次按下 Command Panel 面板上的 〔 Fillet 〕『Fillet』按鈕來關閉 Fillet 功能。

j. 使用移動工具來向內移動調整下方的四個 Vertex。

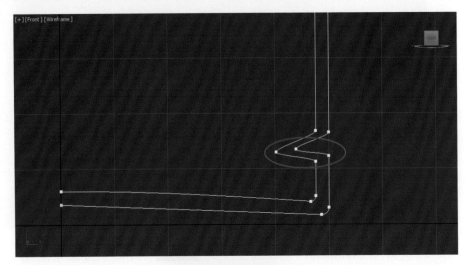

k. 關閉子物件層級。

l. 外型請參考下圖。

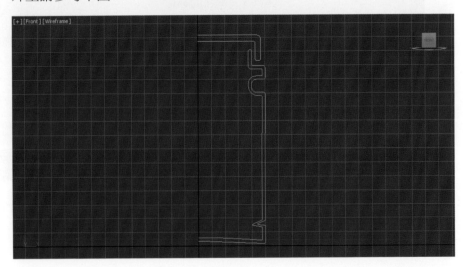

07 產生瓶蓋、瓶身的 3D 造型
STEP

a. 點選「Lid」線條，加上名為 Lathe 的 Modifier。

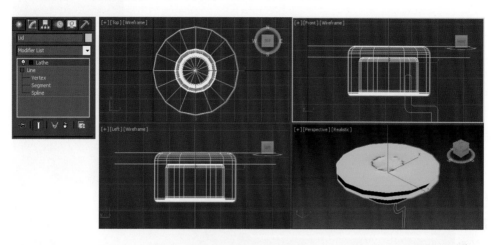

b. 點擊 Parameters 捲簾內 Align 項目內的『Min』按鈕。

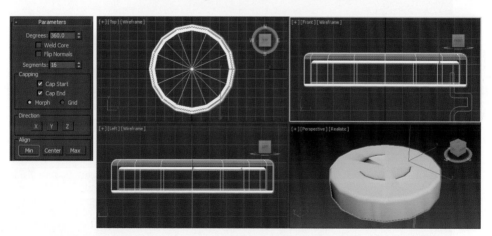

c. 勾選 Weld Core 選項，以修飾旋轉成形中心點的破面問題。

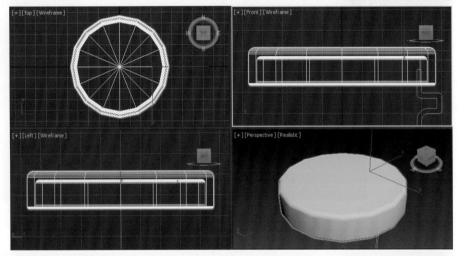

d. Segments 數量調高到 64，以產生較平滑的外觀。

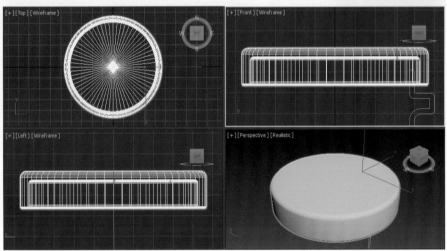

e. 同樣為 Body 線條加上 Lathe Modifier，並修改 Align 為 Min，勾選 Weld Core 選項，Segments 數量調高到 64。

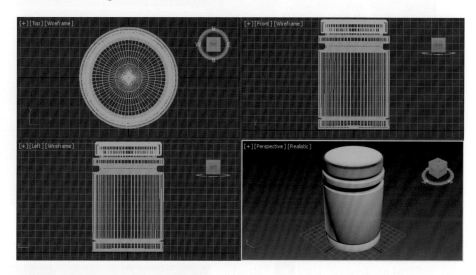

f. 若有需要，可以調整原始線條外觀，例如拉高瓶蓋的高度、縮小瓶子的底部⋯。

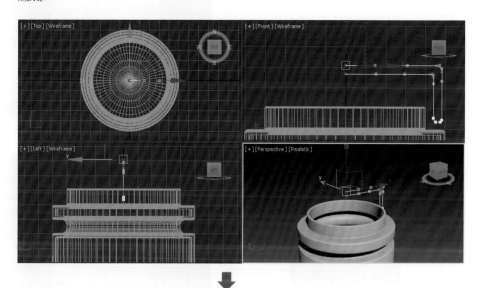

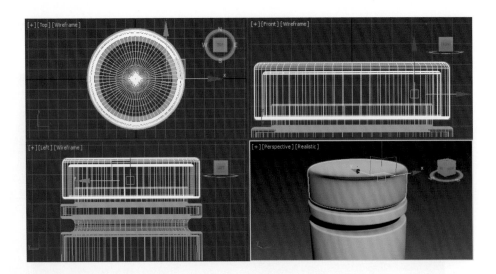

08 法線方向設定
STEP

a. 點擊 Main Toolbar 上的  『Render
   Production』按鈕，對 Perspective 視
   埠進行彩現。

b. 若您製作的模型 Lid 或 Body 部分
   發生類似上圖 Lid 彩現產生怪異
   的現象，表示模型的 Normals（法
   線）相反了。

c. 請勾選 Lathe Modifier 內的「Flip
   Normals」選項，將法線翻轉顯示，
   此時 Lib 的彩現顯示就正確了。

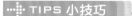TIPS 小技巧

這裡要要提到一個很重要的名詞：Normal（法線）。在 3D 的世界裡，每個面都有兩側，但僅僅有一個面可以被看見，通常在這個可以被看見的面上我們會畫一個垂直立起的箭頭，這個箭頭叫作「法線」。

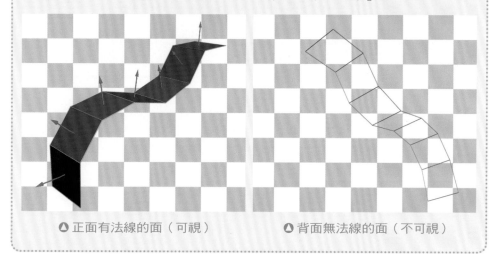

△ 正面有法線的面（可視）　　　△ 背面無法線的面（不可視）

　　為什麼要這樣設計呢？試想想一個 Box 內外共有十二個面，通常我們只要能夠看到六個面就足夠了，那為何要浪費時間去描繪內側看不到的六個面呢？所以只著色擁有法線的面，電腦可以節省一半的運算時間。

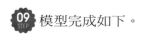 模型完成如下。

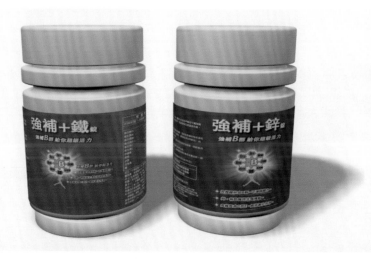

MEMO

CHAPTER

05 Loft 建模

5-1 Loft 建模

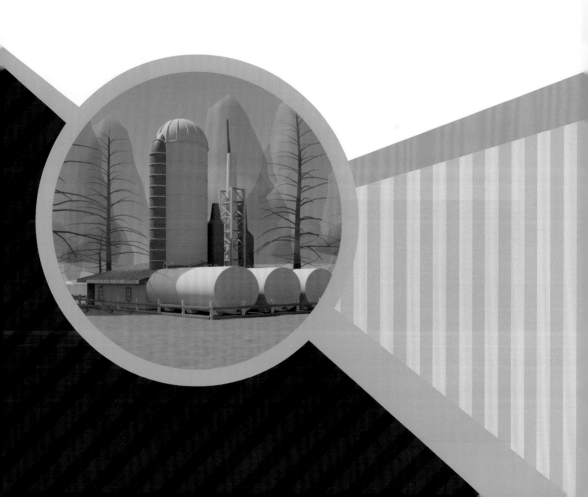

5-1 Loft 建模

課 程 概 要

在本章節，您將學到下列內容：

✓ Loft 建模的原理

✓ Loft 造型編輯

✓ 多個 Shape 的 Loft 造型

5-1-1 Loft 建模的原理

01 Loft 工作的原理很簡單，它至少需要一個 2D 的剖面造型（Shape），沿著一條路徑（Path）不斷的重複排列出來，形成一個實體模型。

02 請打開「Loft-account.max」範例場景，場景內有一個 Road 與一條 Line。

03 點選 Road 切換到「Create > Geometry > Compound Objects」面板，按下『Loft』按鈕。

04 現在我們將目前選取的 Road 當作 Shape 來使用，缺少的是 Path，所以點選 Creation Method 選項內的『Get Path』按鈕，接著點選 Line 當作路徑，產生 Loft 造型。

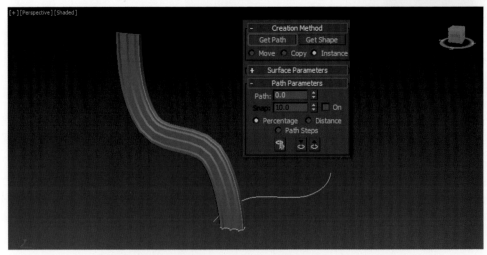

05 刪除剛剛產生的 Loft 模型，改選擇 Line 當作 Path，同樣按下『Loft』
STEP 按鈕，這次我們缺少 Shape，因此我們按下『Get Shape』按鈕，點選
Road 當作 Shape。

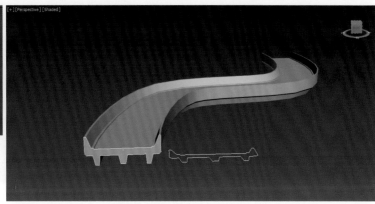

5-1-2 Loft 造型編輯

01 我們來觀察 Skin Parameters 捲簾內，Shape Steps 與 Path Steps 的數值
STEP 對 Loft 的影響。

a. **Shape Steps**：控制 Shape 上兩點之間的線段細分的數量，數值越大曲線
部分越平滑，但面數也會變多。

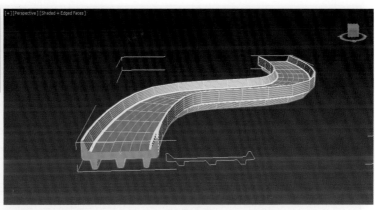

◐ Shape Steps：5

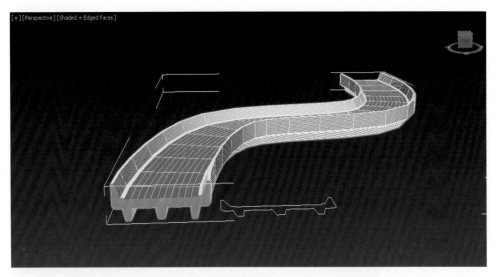

⬥ Shape Steps = 10

💬 SUGGESTION 重點提示

如果勾選底下的 Optimize Shapes 項目的話，不管 Shape Steps 的數值為何，都將不會對 Shape 上的直線部分作細分。

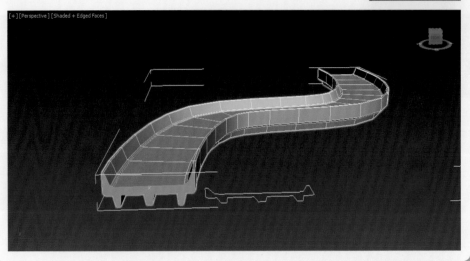

b. **Path Steps**：控制 Path 上兩點之間的線段細分的數量，數值越大曲線部分越平滑，但面數也會變多。

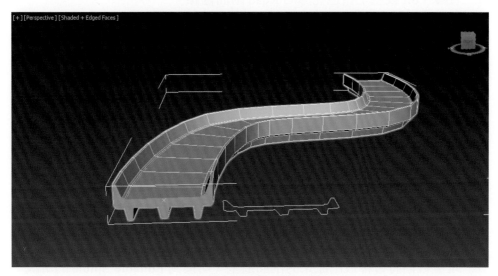

⬥ Path Steps：5

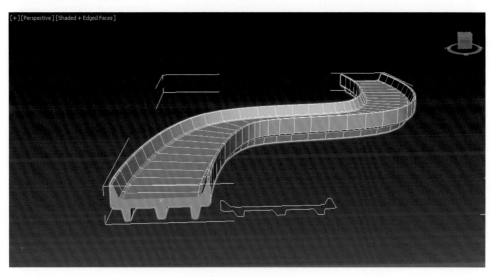

⬥ Path Steps：10

02 **修改 Shape 與 Path**：請先開啟「Loft-modify.max」檔案，我們要來修改已經完成的 Loft 造型。

a. **修改 Shape：**在堆疊視窗內點擊 Loft 的 Shape 子物件層級。

b. 點擊 Loft 模型上白色亮顯的 Road 斷面線條。

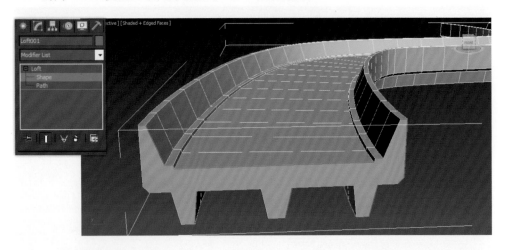

c. 堆疊視窗將會釋放出原來的剖面造型，切換到 Editable Spline 的層級，
就可以編輯其造型。

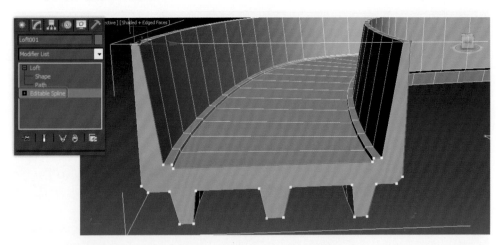

d. 點擊堆疊視窗最上層的 Loft，結束 Shape 的編輯。

TIPS 小技巧

如果您覺得直接在模型上編輯 Shape 不是很方便的話，可以在 Shape 亮顯的狀況下，按最底下的『Put』按鈕，將造型複製出來單獨編輯。

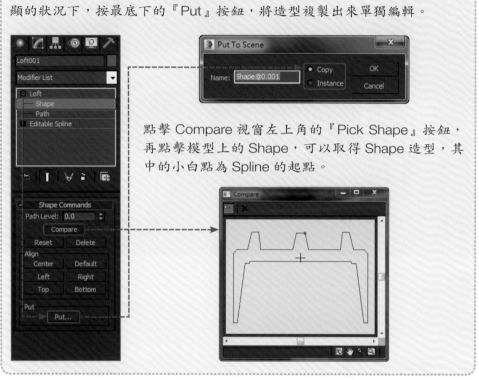

點擊 Compare 視窗左上角的『Pick Shape』按鈕，再點擊模型上的 Shape，可以取得 Shape 造型，其中的小白點為 Spline 的起點。

e. **修改 Path**：同樣的方法，在堆疊視窗內點擊 Loft 的 Path 子物件層級。

f. 點選模型上的 Path 線條位置，堆疊視窗將會釋放出原來的 Line，切換到 Vertex 的層級，就可以編輯其外型。

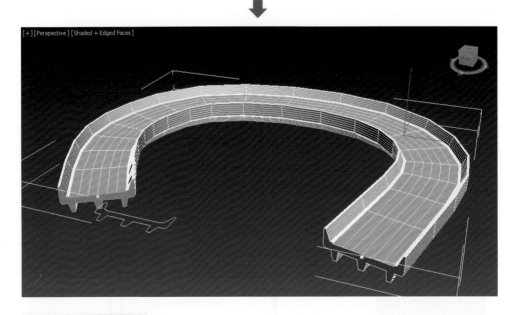

[+] [Perspective] [Shaded + Edged Faces]

∺∵TIPS 小技巧

您也可以按底下的『Put』按鈕來將 Path 複製出來單獨編輯。

5-1-3 多個 Shape 的 Loft 造型

01 Loft 僅能使用一條 Path，但卻能在不同的位置上使用不同的 Shape 來產生特殊的造型。

02 請開啟「Loft-Shape.max」範例檔案，我們要在一條 Path 上套用三個不同的 Shape。

03 我們先選取 ARC 曲線，切換到「Create > Geometry > Compound Objects」面板，按下『Loft』按鈕。

04 按下『Get Shape』按鈕，點選最左邊的 Circle 當作 Shape，產生圓管造型。

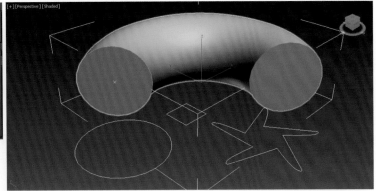

接著在 Path Parameters 捲簾內，Path 欄位內輸入 50，表示我們要在路徑 50％的位置上改變剖面造型，再次按下『Get Shape』按鈕，點選中央的小正方形。

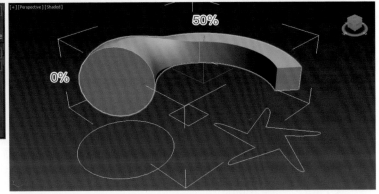

同樣的，這次在路徑 100％處，將剖面換成最右邊的星形。

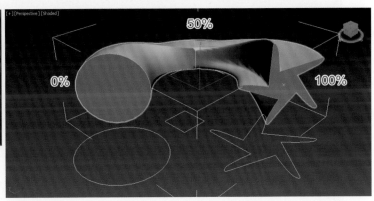

我們可以提高 Shape Steps 的數量來使造型更為平滑。

07 當然我們可以進入 Loft 的子物件層級來修改 Shape 與 Path，與修改單一 Shape 的方法一樣，在此就不再贅述。

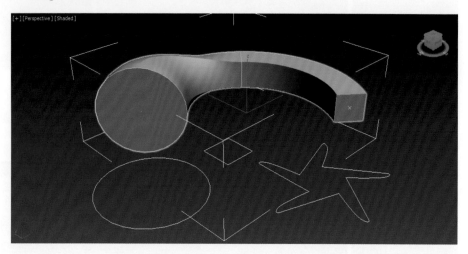

5-1-4 Loft 實例製作 — 手機揚聲器

01 開啟「Loft-speaker.max」範例檔案，場景內除了有一個底座外，有一條 Path、三條 Shape。

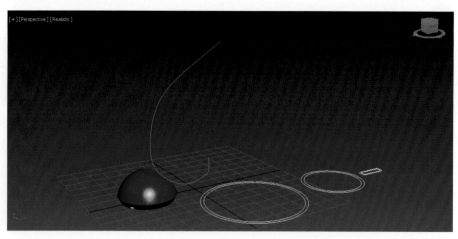

02 點選直立的「Loft-Path」當作路徑，切換到「Create > Geometry > Compound Object」面板，按下『Loft』按鍵。

03 按下「Creation Method」捲簾內的『Get Shape』按鈕後，點選最右側的矩形 Shape-01 產生 Loft 物件。

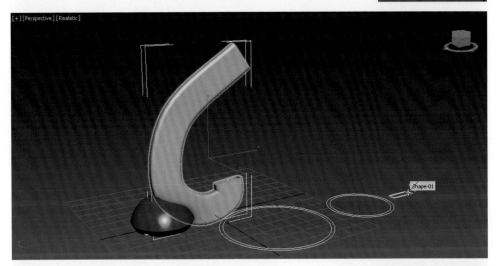

04 於「Path Parameters」捲簾內的 Path 欄位，輸入 85。

05 保持剛才的『Get Shape』按鈕保持在按下的啟動狀態，點選中央的同
STEP 心圓「Shape-02」。

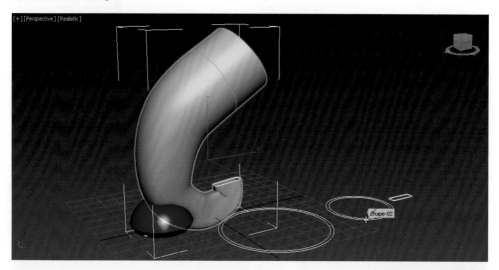

06 於 Path Parameters 捲簾內的 Path 欄位，輸入 100。
STEP

07 保持『Get Shape』按鈕保持在按下的啟動狀態，點
STEP 選最左邊的同心圓「Shape-03」。

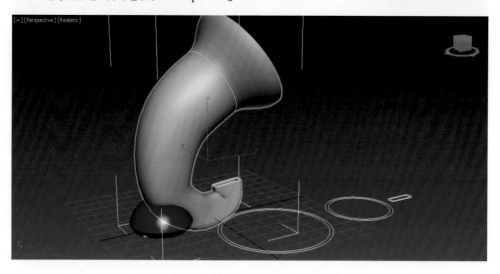

08 切換到 Modify 面板，切換到 Shape 子物件層級。

09 點選模型上矩形的開口處。

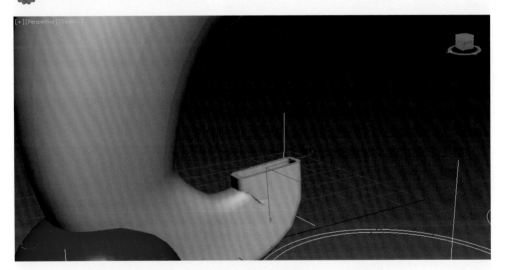

10 使用旋轉工具，並按下『Angel Snap』按鈕。

11 將此 Shape 水平旋轉 90 度。
STEP

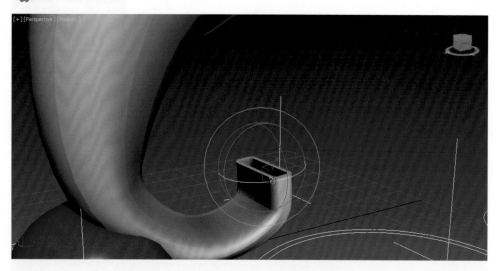

12 關閉 Loft 的子物件層級,展開「Skin Parameters」捲簾,將 Shape Steps、
STEP Path Steps 數值調高到 10,讓模型更佳平滑。

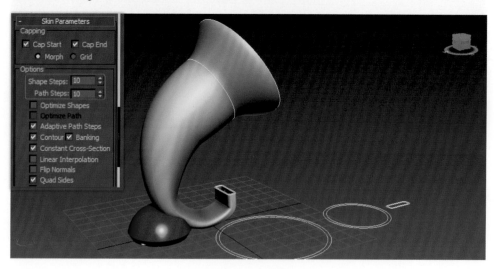

13 矩形開口部分可以插入智慧型手機，作為揚聲器使用。

MEMO

06 Mesh 建模

6-1 網面（Mesh）建模

在本章節，您將學到下列內容：

✓ 網面（Mesh）建模

✓ Mesh 的層級切換

6-1-1 原理介紹

01 想像我們在空間中放置了不在一條直線上的三個點，這三個點可以定義出一個三角形平面，這三個點就被稱為「Verteies」（頂點）。

02 此三個頂點彼此間可以三條線連接起來，此三條線稱為「Edges」（邊緣）。

03 此三條邊緣線就可以圍出一個平坦的「Face」（平面）。

04 結合這些表面就可以去建構出任何的物件。

05 依照這種方法建構的平面稱之為「Polygon」（多邊形），這種定義三度空間平面的方法稱為「多邊形建模」。

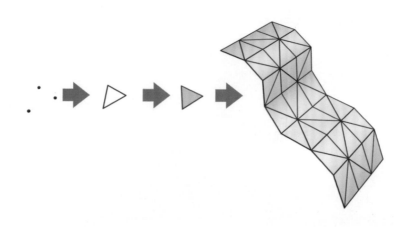

06
STEP 組織這許多多邊形的模型資料產生的結構體，我
們稱為「Mesh」（網狀結構）。

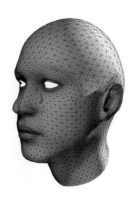

Mesh 的層級切換

01
STEP 之前我們建立的基本物件都是靠著數值產生的，例如 Box、Sphere、
Cylinder 等，不是藉由長、寬、高的數據，就是依照圓心、半徑來產生
物件，我們並不能編輯其上的任何一個端點、邊緣或是面，這樣子的物
件對我們來說應用範圍是很小的。

02
STEP 那麼，我們如何才能編輯這些元素呢？很簡單，與上一章我們試圖編輯
Circle、NGon 等 2D Shape 時一樣，做了一個轉換動作就行了。

a. 選取基本物件，按右鍵開啟快
捷選單，在選單內選取 Convert
To:> Convert to Editable Poly。

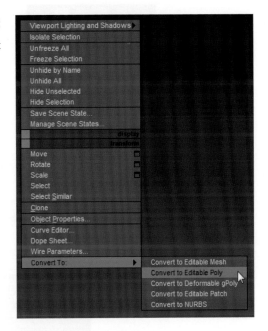

b. 可以從堆疊視窗清楚看到原本的基本物件，已經轉換為 Editable Poly 了，從此就不再具有參數調整的特性。

03 切換 Editable Poly 層級的四種方法：

a. 點擊堆疊視窗內 Editable Poly 左邊的〔 + 〕符號，開啟子物件層級。

b. 點擊 Command Panel 內的層級按鈕。

c. 直接按英文鍵盤區的 1 ～ 5 數字鍵來切換。

d. 於 Graphite Modeling Tools 面板上切換。

04 各層級介紹如下：

a. Vertex（頂點）：

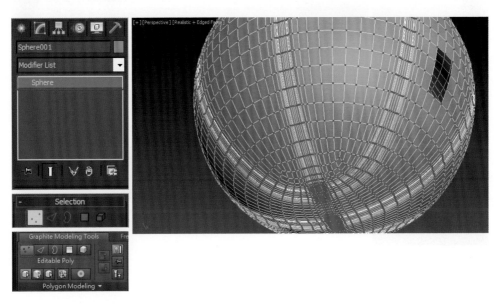

b. Edge（邊緣）：

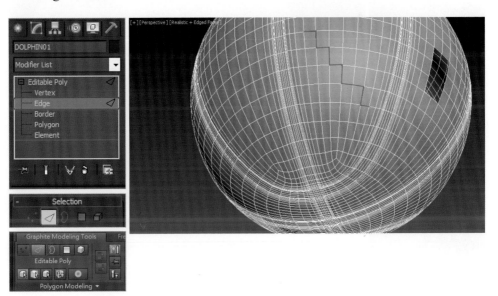

c. Border（開口邊緣）:

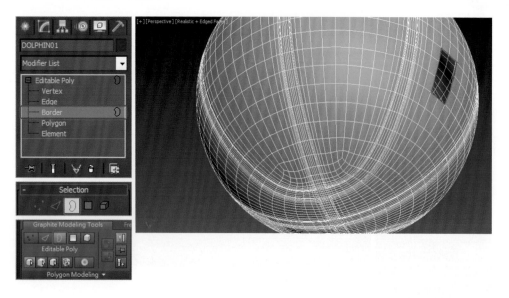

d. Polygon（多邊形）:

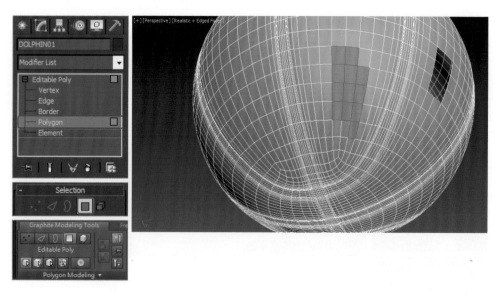

如果不喜歡選取的部分以亮紅色塊顯示，也可以按一下 F2 按鍵，切換為紅色邊緣模式。

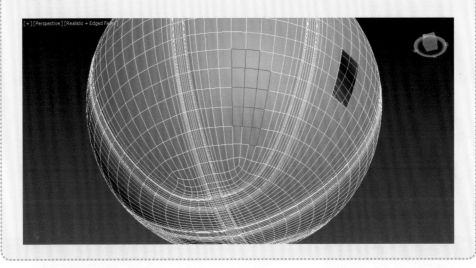

e. Element（元素）：

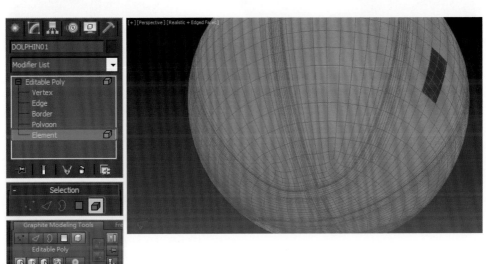

6-2 Edit Polygon 編輯多邊型網格面 課 程 概 要

在本章節,您將會學到下列內容:

✓ 由基本的 Box 物件轉化為複雜的物件

✓ 編輯 Polygon 的工具

6-2-1 基本造型建立

01 在這個範例裡,我們要製作一個飲料瓶。乍看之下本範例似乎很簡單,
STEP 但是其中包含了許多工具的運用,拿用來介紹常用的 Polygon 編輯工具
實在是非常適合的。

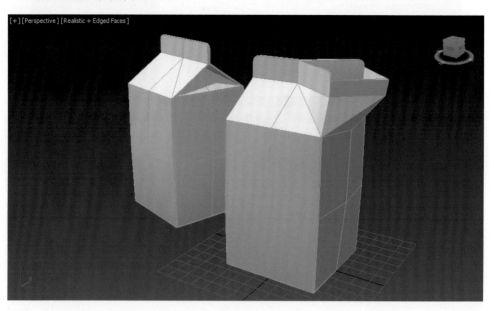

02 建立一個 BOX 物件，並調整其外觀參數：

- Length：70
- Height：105
- Width Segs：2
- Width：70
- Length Segs：2
- Height Segs：1

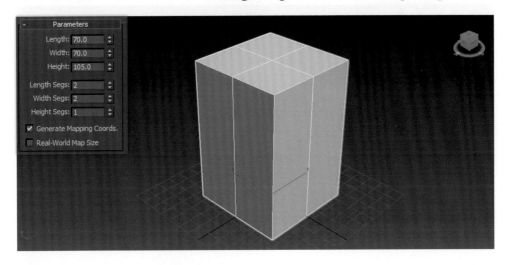

03 將此 Box 更名為「Fresh pack」。

04 點擊滑鼠右鍵，選取「Convert To: > Convert to Editable Poly」，將之轉換為 Editable Poly。

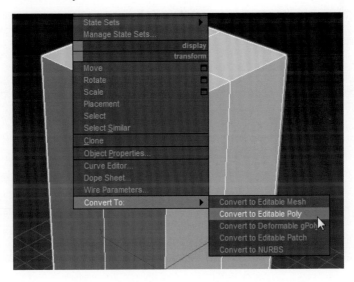

6-2-2 頂部斜面製作

01 切換到 Polygon 子物件層級。
STEP

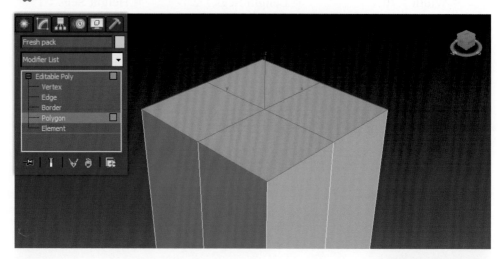

02 點擊『Extrude』按鈕旁的 Setting 按鈕。
STEP

03 於 Height 欄位內輸入 23，以擠出 23 個單位高度，
STEP 並按下綠色的勾選按鈕確認。

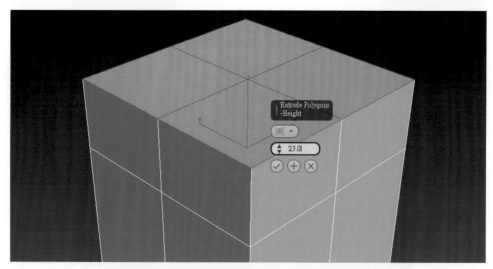

04 切換到 Vertex 子物件層級，並按下『Target Weld』
按鈕。

05 分別拖曳下圖所示兩側的頂點，到中央的頂點上。

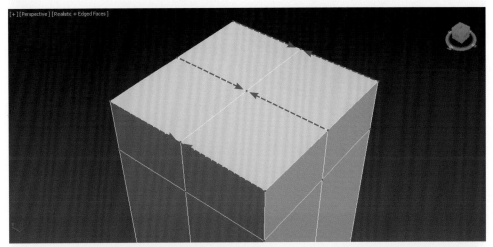

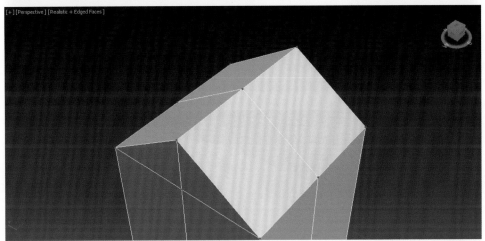

06 切換到 Edge 子物件層級，按住 Ctrl 點選最頂端的
兩條邊緣線。

07 按下『Chamfer』按鈕，在選取的邊緣線上拖曳產
生斜角平面。

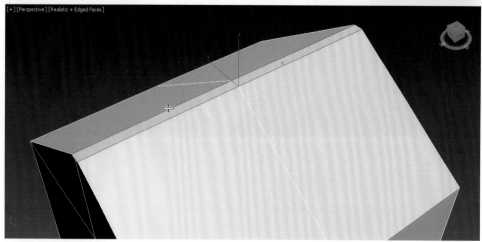

08 切換到 Polygon 子物件層級，按住 Ctrl 點選此兩個斜角平面。

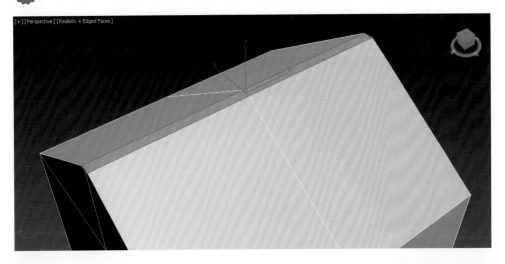

09 再次點選『Extrude』的 Setting 按鈕，設定擠出高度為 15，並按下綠色勾選按鈕確認。

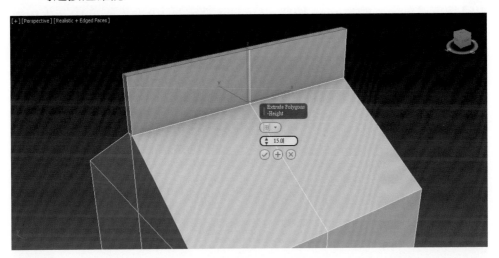

6-2-3 斜面凹下部分製作

01 點選一側的兩個三角面。
STEP

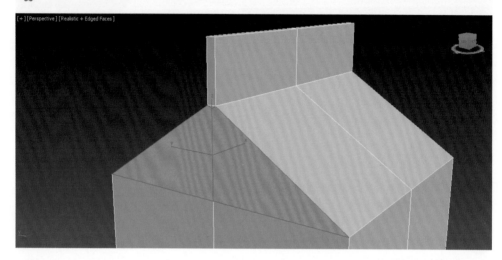

02 按下『Inset』的 Setting 按鈕，Amount 設定為 1.0 左右，向內產生內縮
STEP 的平面。

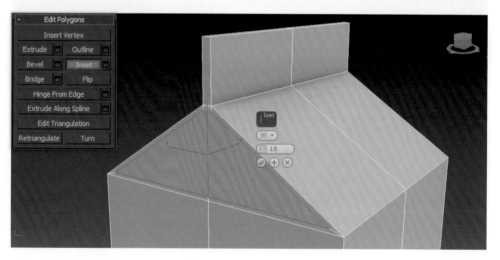

03 切換到 Vertex 子物件層級,將三角形頂端的頂點,以 Target Weld 功能
整理如下。

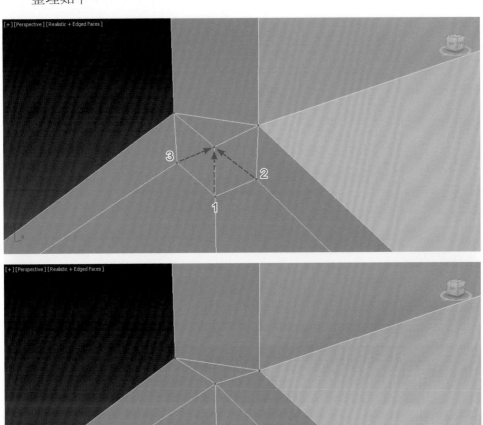

04 再切換回 Polygon 層級,點選此兩個三角形面。按下『Extrude』的 Setting 按鈕,設定擠出高度為 -35,並按下綠色勾選按鈕確認。

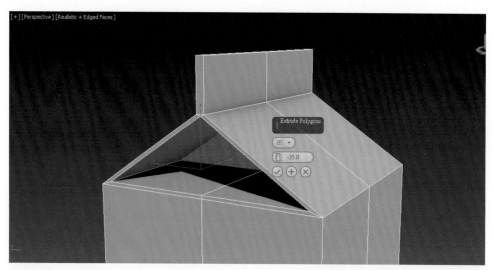

05 切換為 Vertex 子物件層級,以 Target Weld 工具,將下圖三個頂點拖曳焊接到外面的頂點上,使原為水平的平面,變成傾斜狀態。

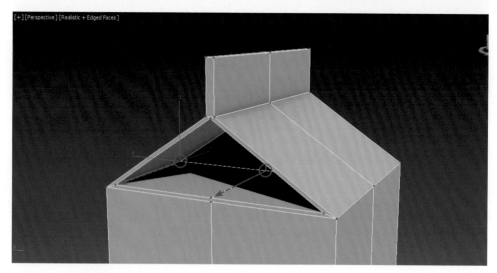

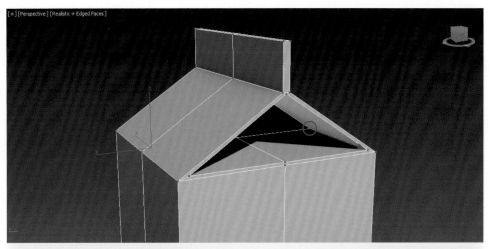

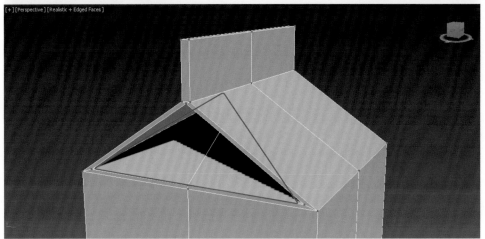

6-2-4 盒子開口製作

01
STEP 轉到盒子的另一個方向。

02
STEP 切換到 Polygon 子物件層級,按下『Cut』按鈕。

03 在斜面兩側各裁切出一條斜線，每切好一條線，請點擊滑鼠右鍵來結束
STEP 切割功能。

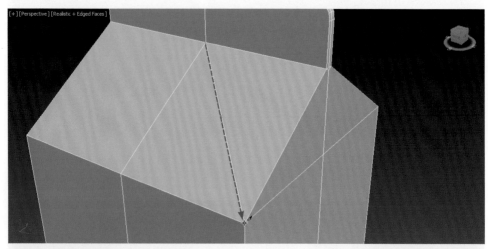

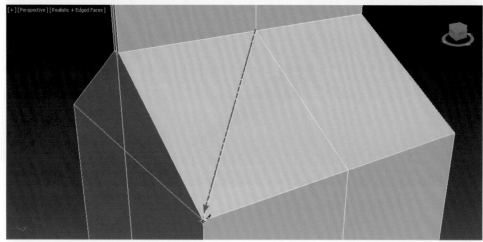

⊹⊹ TIPS 小技巧

請特別注意滑鼠游標的外型，滑鼠游標在頂點上、
邊緣線上是不同的，請一定要對準頂點來切割。

 切在邊緣線上

 切在頂點上

04 點選下圖兩個三角形 Polygon。

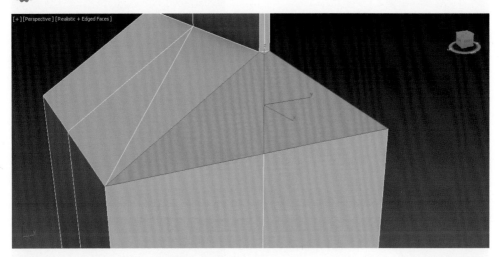

05 使用 Extrude 工具，擠出 25 個單位高度。

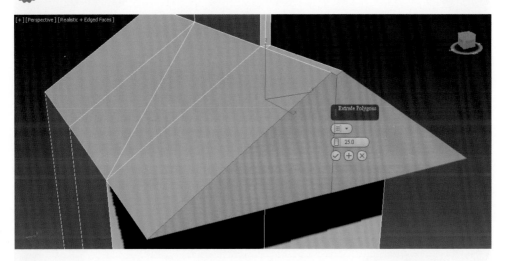

06 切換到 Vertex 子物件層級，使用 Target Weld 工具將下圖兩個頂點焊接回盒身上。

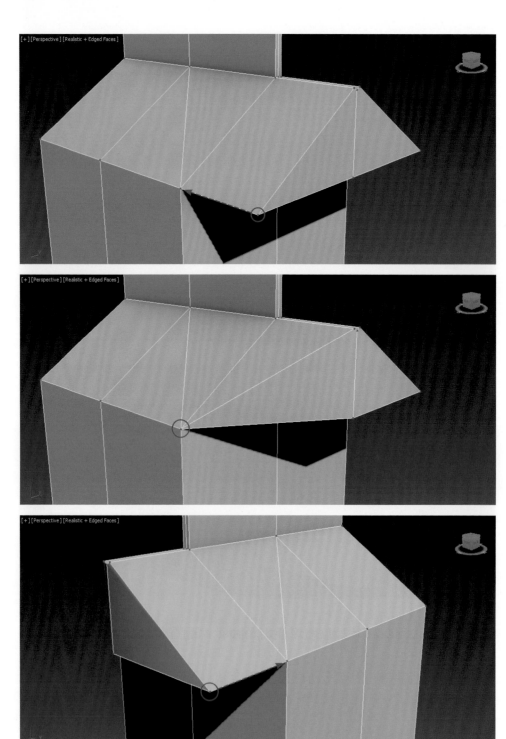

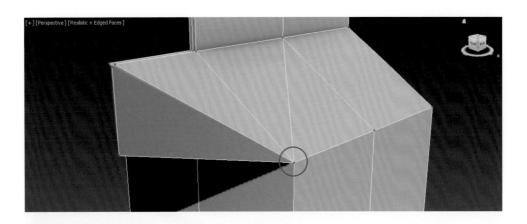

07 突出底端的頂點，也往上焊接到下圖位置上。
STEP

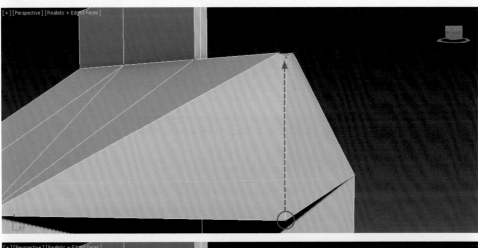

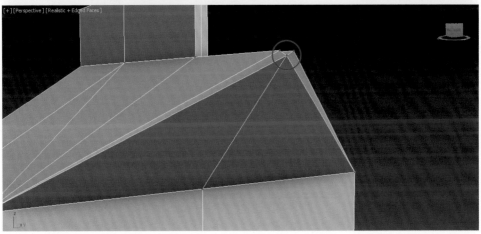

08 切換到 Edge 子物件層級，按住 Ctrl 點選下圖兩條邊緣線。

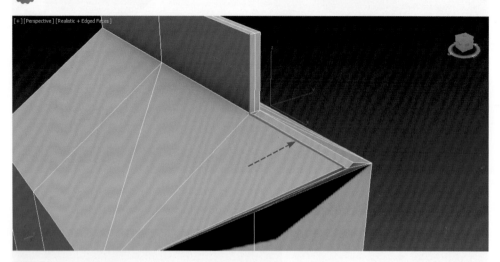

09 按下『Select and Move』按鈕使用移動功能，按下視埠區下方的絕對座標切換按鈕（Absolute -> Offset），並在 Y 軸欄位內輸入 -25，並按下 Enter 按鍵。

X: 0.0　　Y: -25　　Z: 0.0

10 對稱位置上的兩條邊緣線，也依照同樣方法操作，但這次 Y 軸欄位要輸入 25。

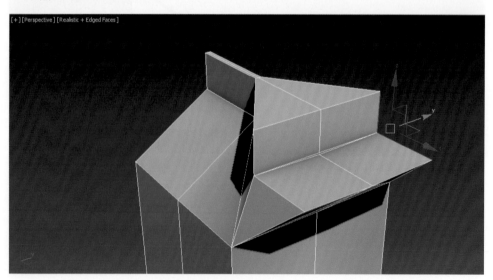

11 切換到 Vertex 子物件層級，將外緣兩個頂點以 Target Weld 工具，焊接
STEP 到中間的頂點上。

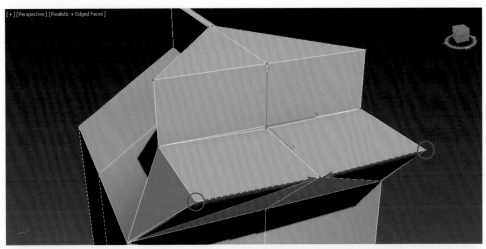

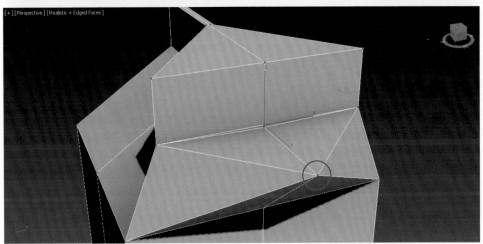

12 切換到 Polygon 子物件層級，點選下圖多邊型，按下『Delete』按鍵將
STEP 之刪除。

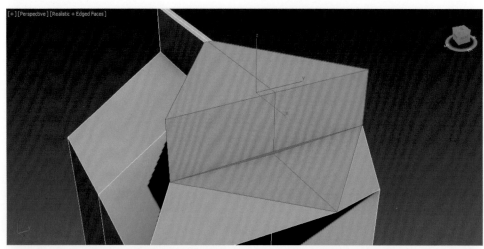

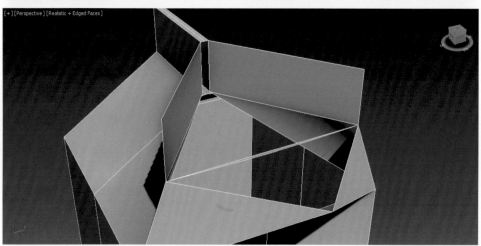

13 多餘的多邊型也選取刪除。

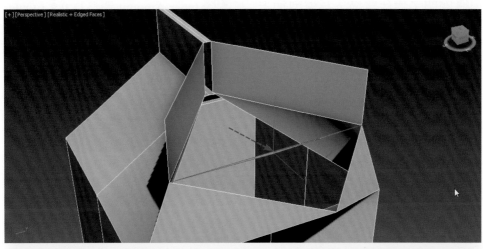

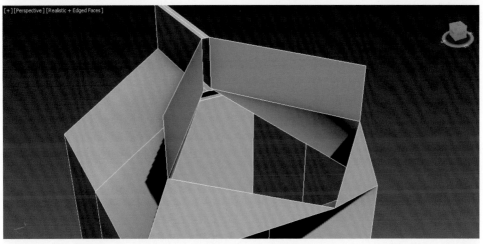

6-2-5 開口處厚度處理

01 關閉子物件層級,為模型加上名為「Shell」的 Modifier。

02 Inner Amount 調整為 0.9,Outer Amount 則為 0。

03 再加入一個名為「Edit Poly」的 Modifier。

04 切換到 Edit Poly 的 Vertex 子物件層級。

05 切換到 Wireframe 顯示模式,並放大顯示模型頂端中央處,框選下圖三個頂點。

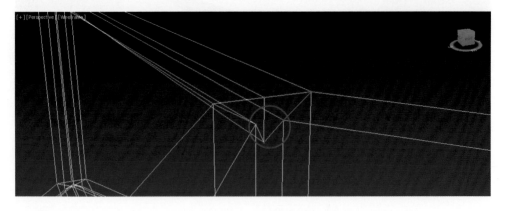

06 按下『Collapse』按鈕，將此三個頂點融合為一個頂點。

07 下方的頂點也以相同方式融合處理。

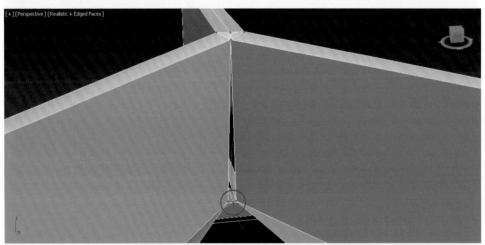

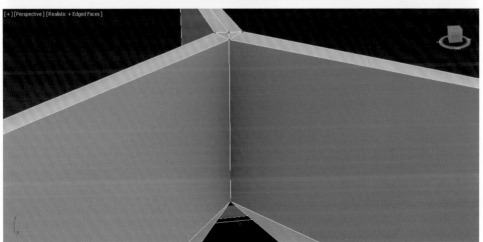

6-2-6　刪除不必要的內層

01
STEP 再一次點擊滑鼠右鍵，選取「Convert To: > Convert to Editable Poly」，將之轉換為 Editable Poly。

02
STEP 切換到 Wireframe 顯示模式。

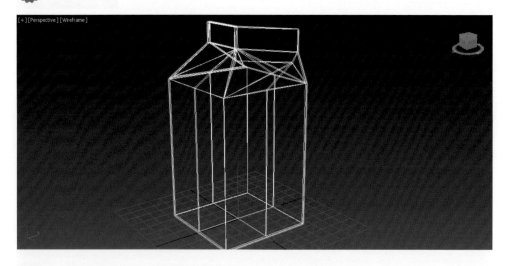

03
STEP 切換到 Polygon 子物件層級，慢慢的點選非開口處的內層 Polygon，並將之刪除。

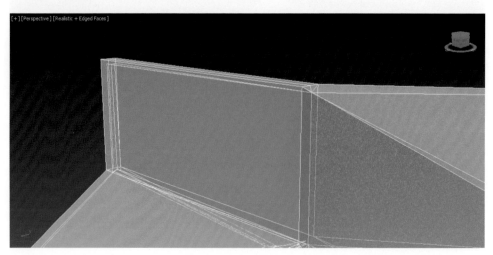

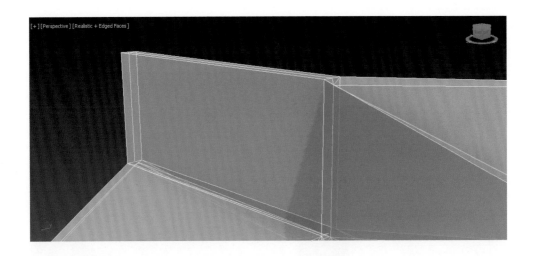

6-2-7 頂端圓角修飾

01 切換到 Edge 子物件層級，點選下圖的四條邊緣線。

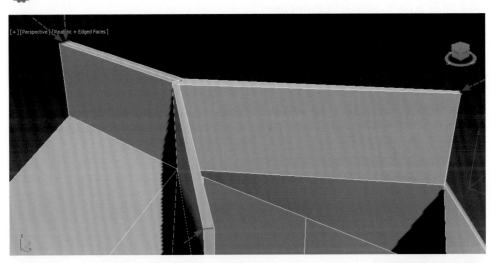

02 按下『Chamfer』旁的 Setting 按鈕。

03 設定 Amount 為 5.0，Segments 為 4，勾選 Smooth 選項，並按下綠色勾
選按鈕確認。

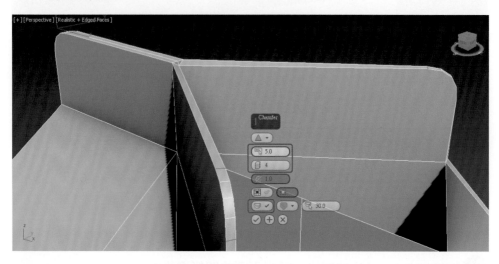

04 點選下圖所示的兩個 Polygon。

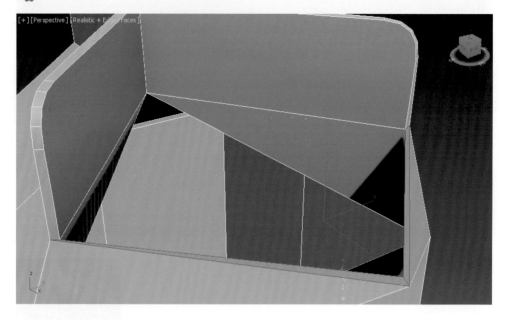

05
STEP 按下『Extrude』按鈕，拖曳擠出約略等於剛才製作圓角的起點高度。

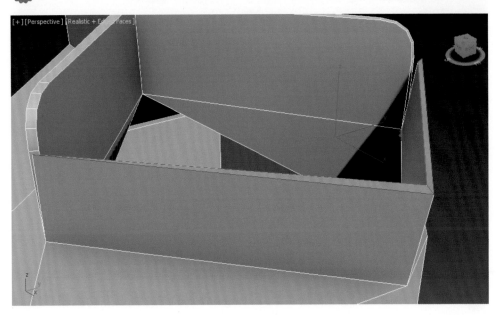

06
STEP 接下來我們要連接兩個面，所以必須點選並刪除即將連結的 Polygon。

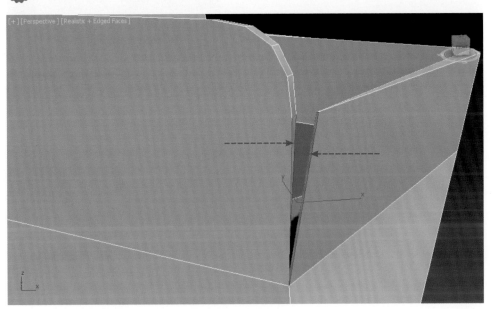

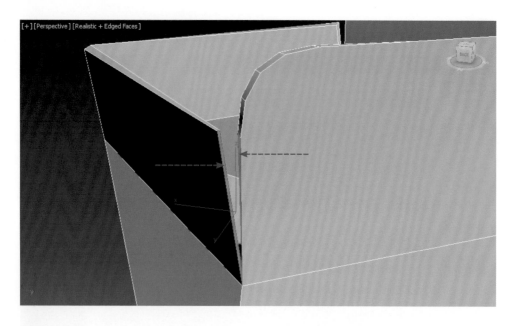

07 切換到 Vertex 子物件層級，使用 Target Weld 工具將上方的兩組頂點一
對對的焊接起來。

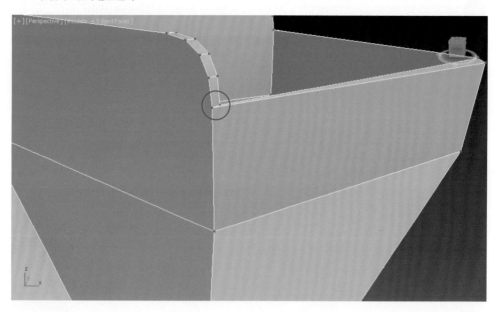

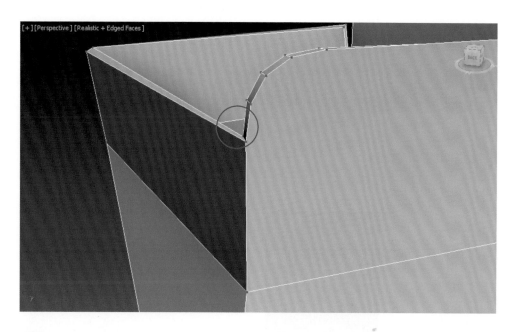

08 外型大致完成了。

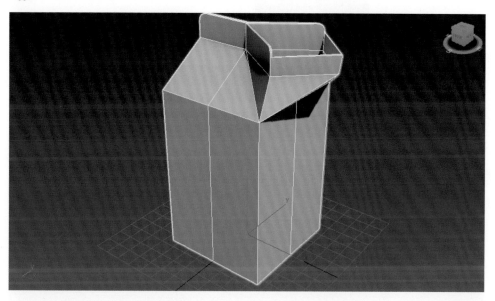

6-2-8 細節製作

01
STEP
接下來我們要為飲料瓶增加一些細節，為了避免傷害到模型本身，我們在此模型上加上一個名為「Edit Poly」的 Modifier。

02
STEP
稍微膨脹的瓶身

a. 展開 Edit Poly 的子物件層級，切換到 Edge 層級。

b. 點選下圖一條 Edge。

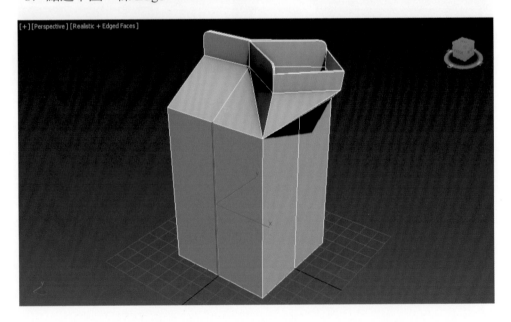

c. 按下『Ring』按鈕，選取彼此平行一圈的邊緣線。

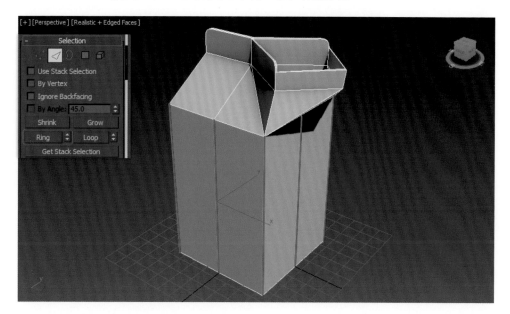

d. 按下『Connect』旁的 Setting 按鈕。

e. Segments 數量設定為 1，並按下綠色勾選按鈕確認。

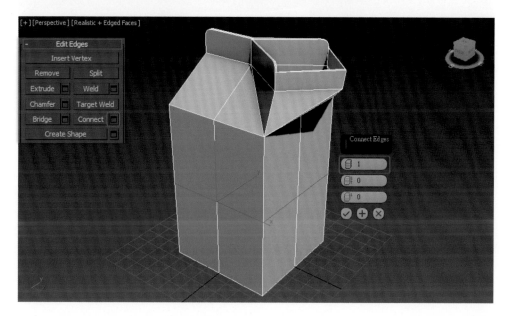

f. 切換到 Vertex 子物件層級，按住『Ctrl』點選中央一圈的頂點。

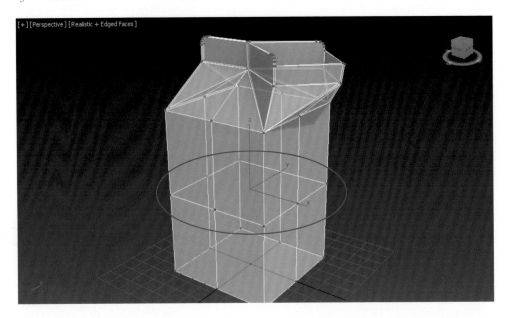

g. 按下『Select and Scale』按鈕，等比例向外放大一點。

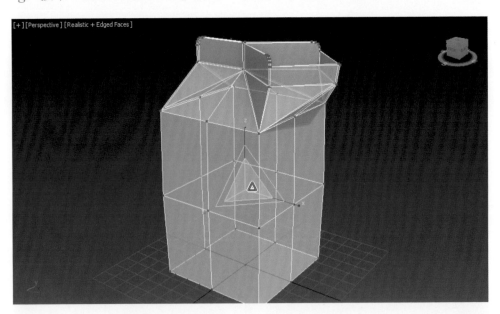

03 邊緣圓角
STEP

a. 切換到 Edge 子物件層級，按住『Ctrl』按鍵選取瓶子底面四條邊緣線
與瓶身垂直的四條邊緣線，如下圖。

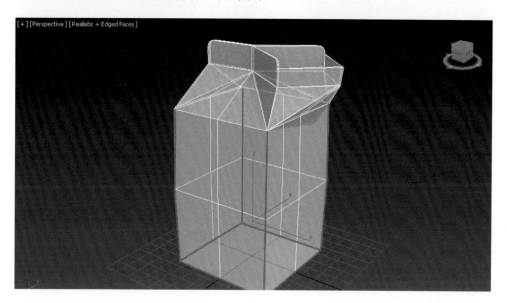

b. 按下『Chamfer』旁的 Setting 按鈕，設定 Amount 為 1.0，Segments 為
3，勾選 Smooth 選項，並按下綠色勾選按鈕確認。

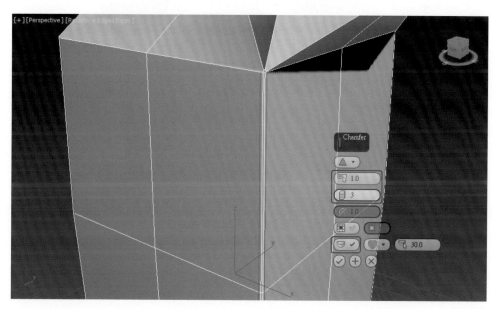

c. 此時瓶身的邊緣就產生了一點圓角。

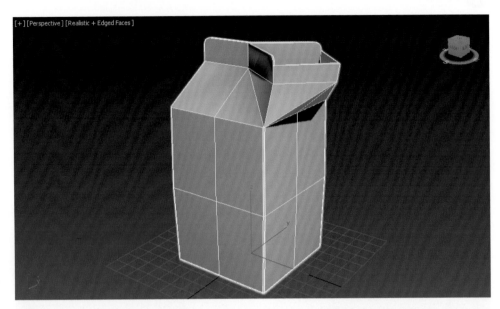

04 您可以為飲料瓶加入其他的細節，例如：折痕、上半部的邊緣圓角，使
STEP 其更加逼真。

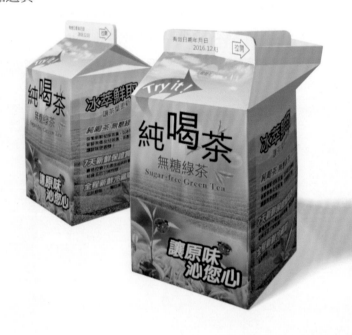

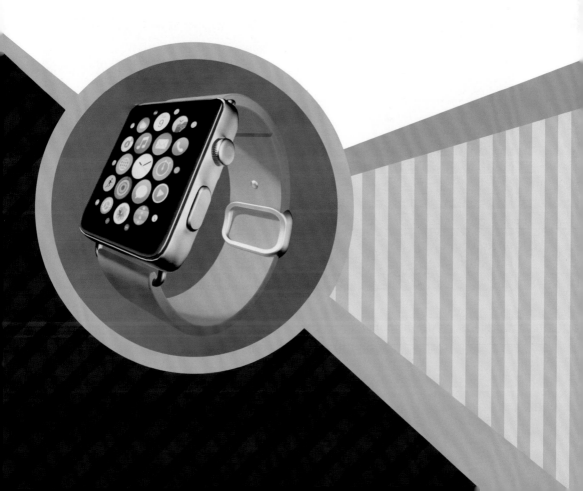

7-1 Polygon 建模－智慧手機

在本章節，您將學到下列內容：

✓ 利用參考圖片，作為建模的參考

✓ Polygon 建模指令

✓ Loft 建模指令

7-1-1 參考背景圖

01 在本章節裡，我們會利用描圖功能，將多邊形建模、Loft 建模做一個綜合的實作，來完成一支智慧手錶：AI-Watch。

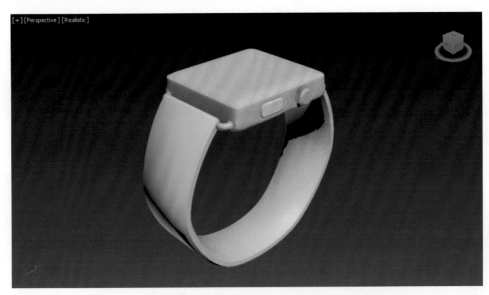

02 開啟「AI-Watch.max」範例檔案，場景內有兩片互相垂直的 Plan 物件，其上各別指定了參考用的上視圖、右側視圖。

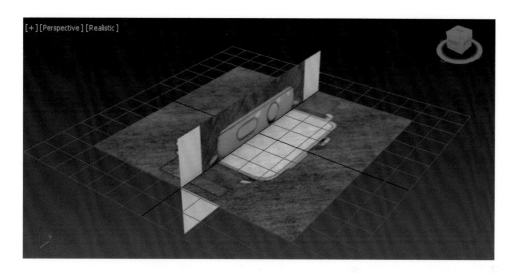

[+][Perspective][Realistic]

03 為了避免製作過程中誤選、移動、刪除了此參考物件，所以已經將之作
STEP 凍結保護。

⋯╬ TIPS 小技巧

為了避免新版本的 3ds Max 在選取物件時在物件外圍產生的淡藍色外
框，影響操作畫面擷取的清晰度，我們暫時關閉此一功能：下拉選單
Customize > Preferences 切換到 Viewport 標籤頁面，關閉「Selection/
Preview Highlights」選項。若您不介意，可以不予理會此一設定。

7-1-2 基本模型建立

01
STEP
按下 Box 建模工具按鈕，展開其 Keyboard Entry 捲簾，設定 Box 尺寸為 Length：56mm、Width：50mm、Height：12mm，並按下『Create』按鈕，於座標（0,0,0,）處產生一個指定大小的 Box。

> 💬 SUGGESTION 重點提示
>
> 此場景的單位已經變更設定為 mm。

02
STEP
調整 Length Segs：10、Width Segs：6、Height Segs：2。

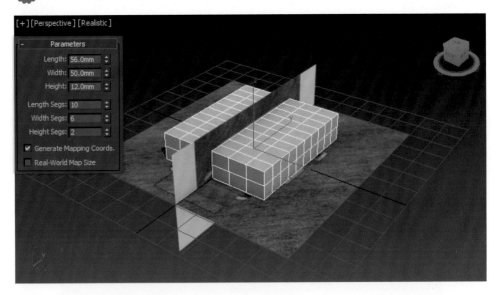

03
STEP
點選此一 Box，更名為「AI-Watch」。

04
STEP
點擊滑鼠右鍵，由清單中選取「Convert To: Convert to Editable Poly」。

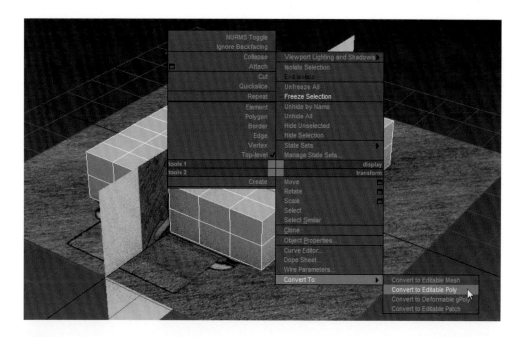

05 在 Top 視埠內，切換到物件的 Polygon 子物件層級，配合 Ctrl 按鍵框選
四分之三的部分。

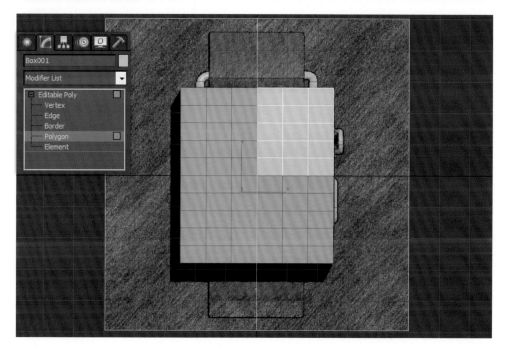

06 按下 Delete 按鍵將這些 Polygons 刪除。
STEP

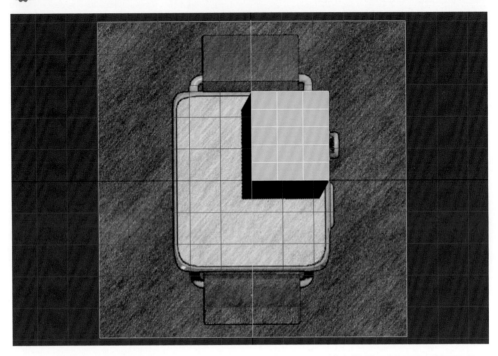

7-1-3 錶帶環製作

01 切換到 Perspective 視埠，旋轉視景到下圖所示的角度，並點選圖中紅
STEP 色標示的 Polygon。

02 按下『Inset』按鈕,在適才選取的 Polygon 上向內
STEP 拖曳增加多邊形。

03 使用縮放工具,將該新增的 Polygon 調整近似於正方形。
STEP

04 按下 Bevel 按鈕,將滑鼠移到剛剛產生的多邊形上,
STEP 拖曳出少許高度並稍縮小面積。

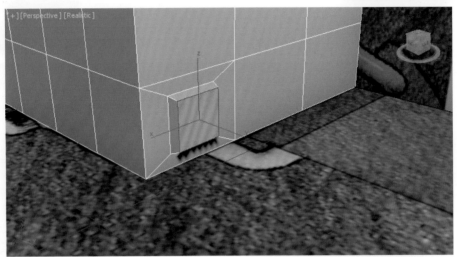

05 使用旋轉工具 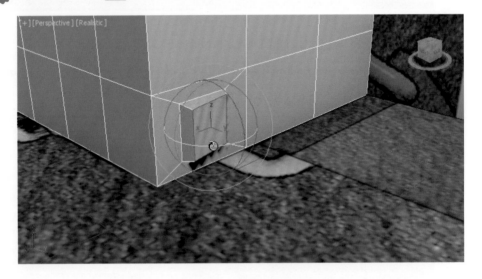 ,水平旋轉約 10 度。

06 繼續使用 Bevel 與水平旋轉功能，最後一個 Polygon 約垂直於原始的平面，產生如下造型。

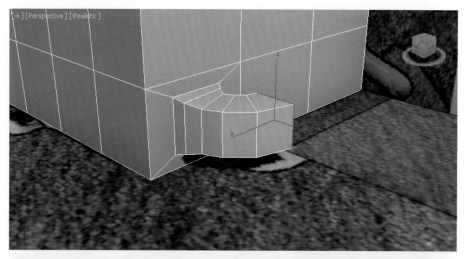

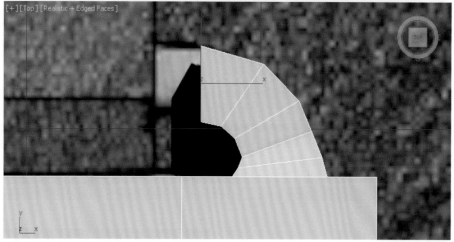

07 離開 Polygon 子物件層級，為整個物件加上名為「Symmetry」的 Modifier。

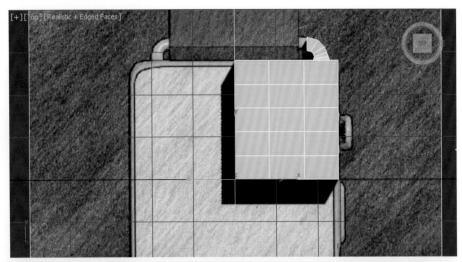

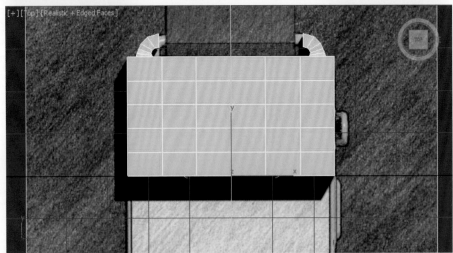

08 在視埠內點擊滑鼠右鍵，由清
STEP 單中選取「Convert To: Convert
to Editable Poly」，將整個模型
物件轉為單純的 Polygon 物件。

09 切換到 Polygon 層級，在 Perspective 視埠內，配合 Ctrl 按鍵點選錶帶環互相對望的兩個 Polygon。

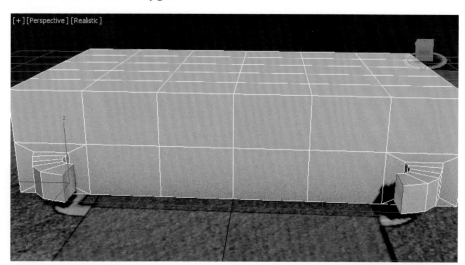

10 點擊『Bridge』按鈕旁的 Setting 按鈕，設定第一個欄位（Segments）數量為 4，並按下底下的綠色勾選按鈕，進行確認。

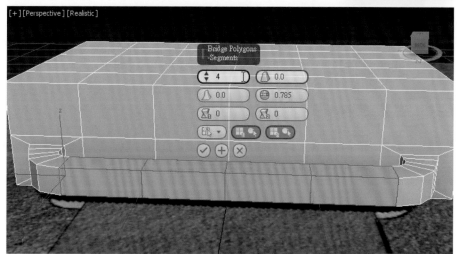

11 離開 Polygon 子物件層級,為整個物件再加上一次 Symmetry 的 Modifier,
STEP 並將其 Mirror Axis 改為 Y 軸,對稱複製出下半部分。

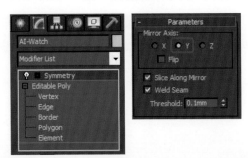

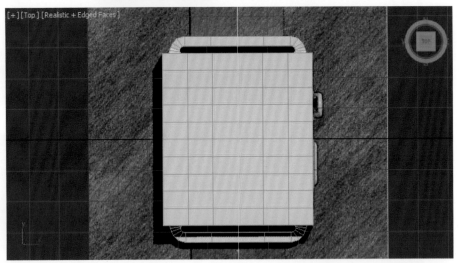

12 最後再次於視埠內點擊滑鼠右鍵,由清單中選取「Convert To: Convert
STEP to Editable Poly」,將模型轉換為最基礎的多邊形模型。

7-1-4 錶冠凹槽製作

01 切換到 Right 視埠,保持錶體在選取狀態下,按下 Alt + X 讓物件變成
STEP 半透明,讓我們在操作過程中能看到側面的參考圖。

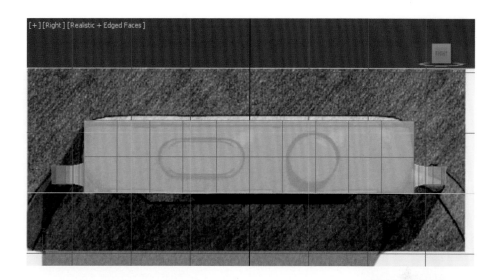

02 使用 Circle 繪製 2D 造型線工具，繪製前請勾選
STEP 「Auto Grid」選項。

03 參考側面參考圖上錶冠的位置，繪製一個圓形，將半徑調整為 4.5mm。
STEP

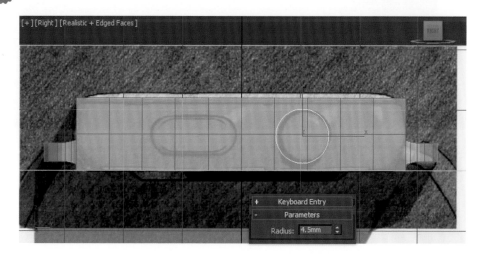

04 在 Perspective 視埠內,沿 X 軸方向將圓形往外移動一點距離,使之脫
離錶面,只要右側視埠內位置不變就好。

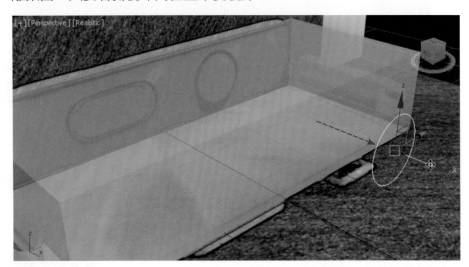

05 點選 AI-Watch 物件,切換到 Vertex 層級,在 Right 視埠內調整一下頂
點位置,使之吻合參考圖內錶身的厚度。

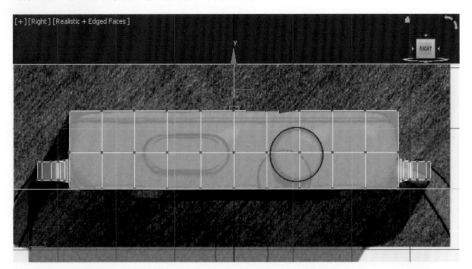

⊹ TIPS 小技巧

選取頂點時,請使用框選方式,以免漏選了背後的頂點。

06 切換到 Polygon 層級，框選上半部的 Polygon。

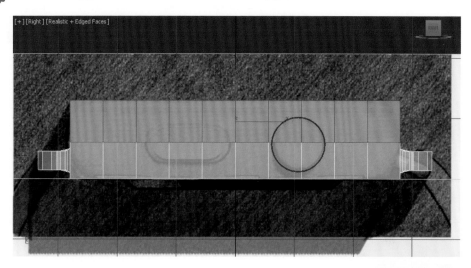

07 按下『Slice Plane』按鈕，

08 使用移動工具，將黃色切割平面往上移動到適當位置，按下『Slice』按鈕進行切割。

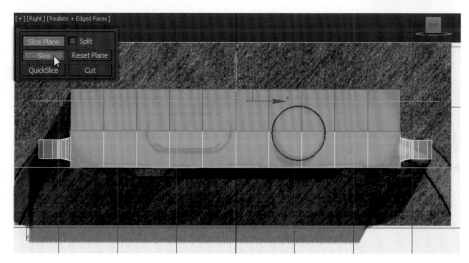

09 關閉『Slice Plane』按鈕，此時可以看到剛剛產生的分割線。

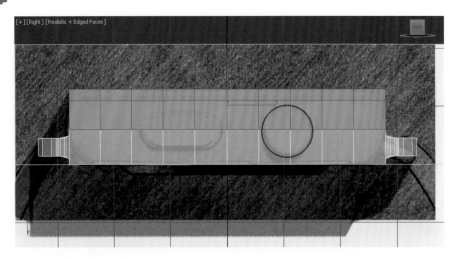

10 下半部的 Polygon 也做出一條切割線。

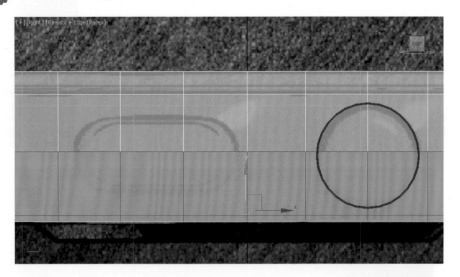

11 切換到 Vertex 層級，點選參考圖中央的頂點，按下『Chamfer』按鈕，按住該頂點往外拖曳產生一個菱形，大小盡量吻合參考圖。

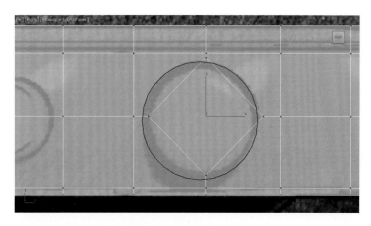

12 調整頂點位置以符合參考圓的位置、大小。

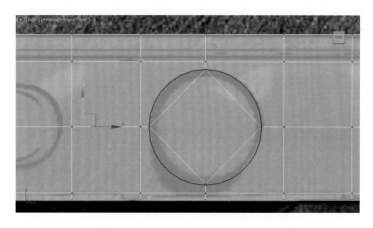

13 按下『Cut』按鈕，點擊對角的兩個頂點以切割出以下兩條 Edge，每切割完一條 Edge，請按右鍵結束，最後關閉『Cut』按鈕。

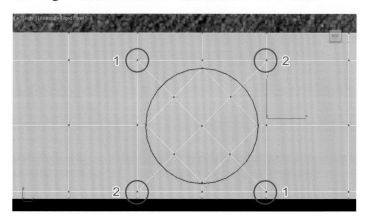

⋯┆┆ TIPS 小技巧

必要時您可以關閉半透明顯示模式，以方便編輯。

14
STEP 使用移動工具，將四個頂點移動到大約 45 度、135 度、225 度、315 度的方向與參考圓交點處。

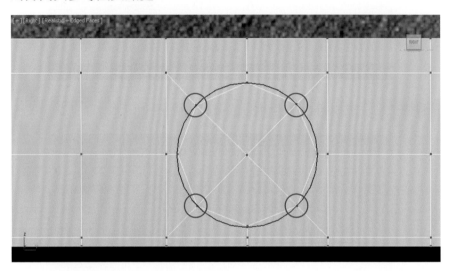

15
STEP 切換到 Polygon 層級，點選此以下的 Polygon。

16 按下『Extrude』按鈕，向內擠出深度來，並要分多次、多層擠出如下圖。
STEP

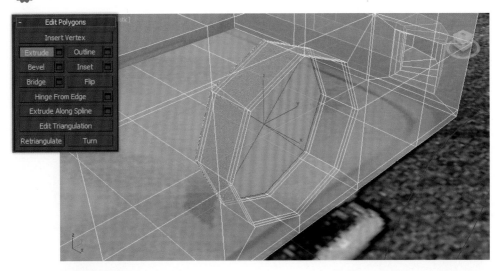

靠近開口、底端佈線需較密集。

7-1-5 錶面製作

01 切換到 Polygon 層級，勾選「Ignore Backfacing」選
STEP 項。

02 在 Top 視埠內,選取最上一層錶面的部分。
STEP

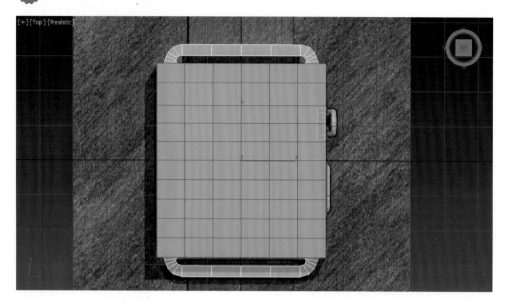

03 使用 Scale 工具,保持游標在三角型軸框內部,向內拖曳縮小錶面的大
STEP 小。

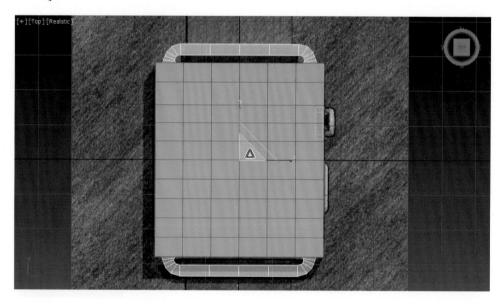

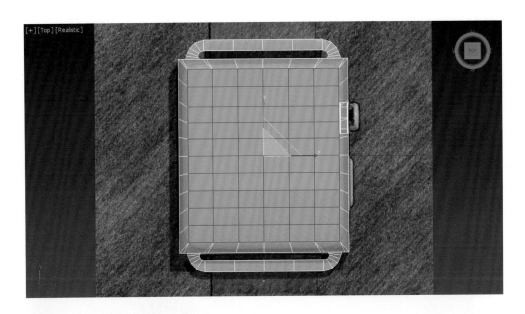

STEP 04 錶的背後也同樣的縮小處理。

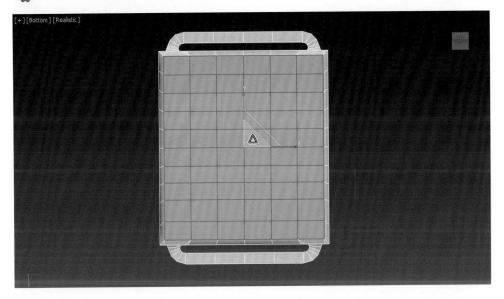

05 切換到 Edge 層級，點選錶正面斜面的任一條 Edge，
按下『Ring』按鈕，環狀選取整圈的邊緣線。

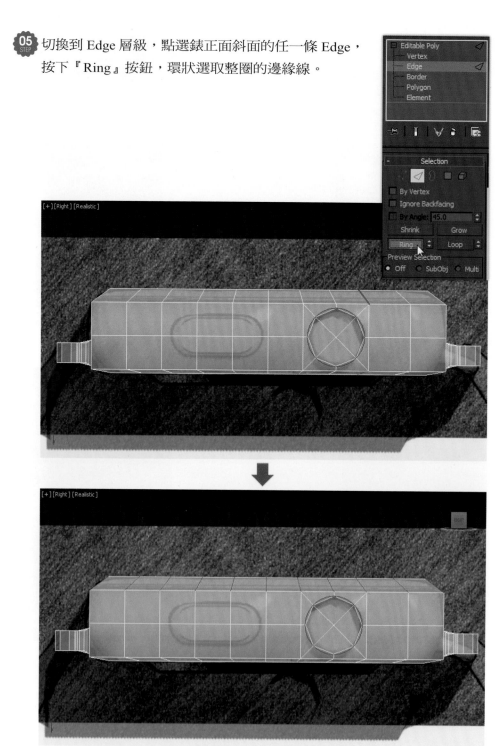

06 點擊『Connect』按鈕旁的 Setting，加入兩條 Edge 線。

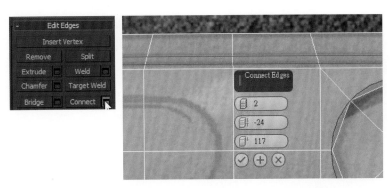

07 切換回 Polygon 層級，關閉「Ignore Backfacing」選項，選取此一層多邊形。

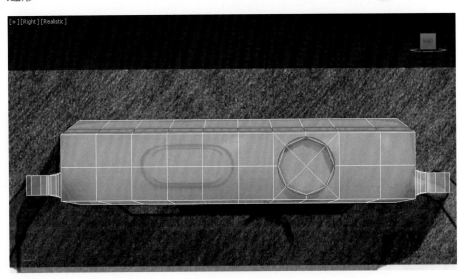

08 按下『Extrude』按鈕，向內擠出三層，但須保持兩端 Edge 較密集。

09 再使用 Connect 功能，在錶面斜面上加上一條環狀的 Edge，讓將來的錶面中間較平坦，外緣較圓鼓。

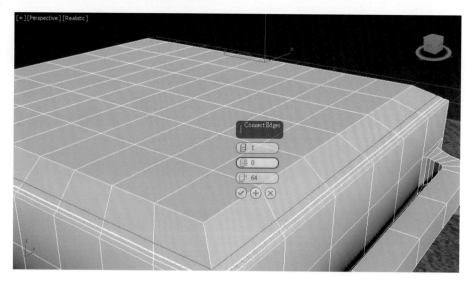

7-1-6 錶冠製作

01 點選我們之前製作錶冠凹槽的參考圓，將之命名為 C-2。
STEP

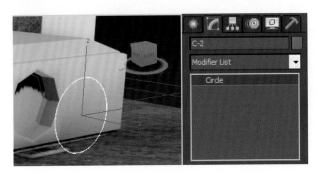

02 按住 Shift 按鍵，朝 X 軸向拖曳複製出另一個圓形，命名為 C-1，並調
STEP 整其半徑為 3mm。

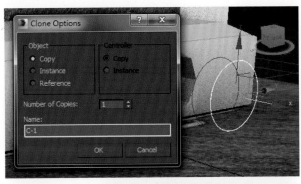

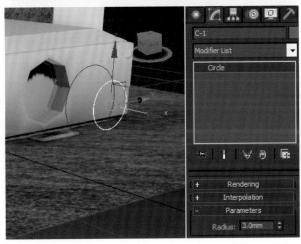

03 製作一個 Star 外型的 2D Shape，更名為「Star-1」，其參數約略如下圖。
STEP

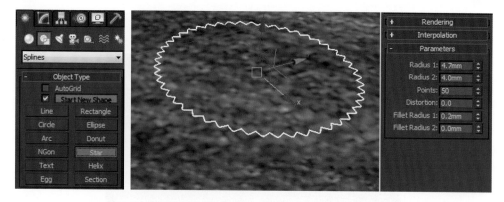

04 將三個 2D Shape 造型旋轉到同一平面上並靠近放在一起，如下圖。
STEP

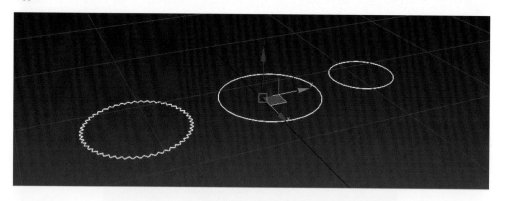

05 繪製一條 Line，長度約略如下圖，命名為「Path-1」。
STEP

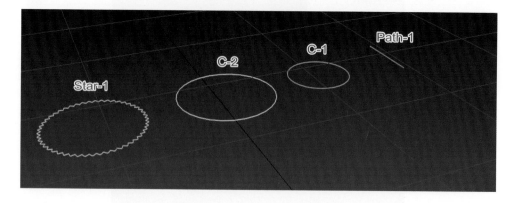

06 分別選取 C-1、C-2、Star-1，一一的按右鍵使用 Convert to: Convert to Editable Spline 功能轉換成 Spline。

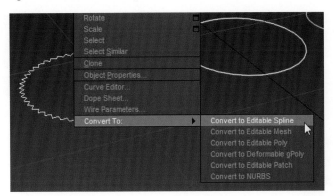

07 各別切換到 Vertex 層級，檢查三條造型線的黃色的起點（First Vertex），是否位於同一個方向；若否，請點選某一方向上的頂點，按下『Make First』按鈕來設定改變線條的起點位置。

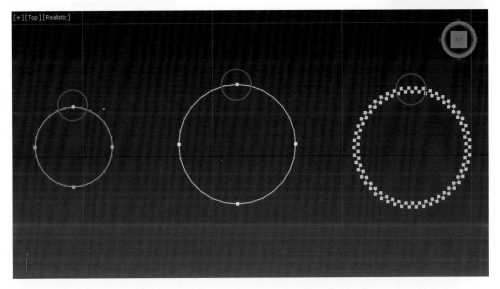

08 點選「Path-1」造型線,啟用 Loft 造型工具。

09 按下『Get Shape』按鈕,接著點選「C-1」造型線。

10 將 Path 調整為 10,按下『Get Shape』按鈕,接著點選「C-2」造型線。

11 將 Path 調整為 50,按下『Get Shape』按鈕,接著點選「Star-1」造型線。

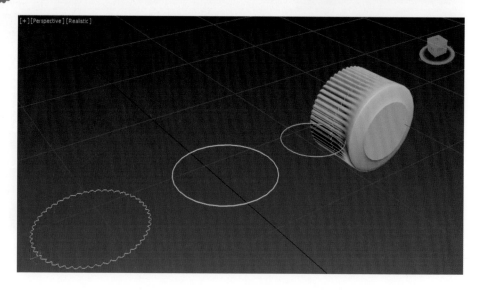

12 設定 Shape Steps：12，Path Steps：1，勾選 Optimize Shapes 選項。

13 將產生的物件更名為「Crown」，並將之移動到適當的位置。

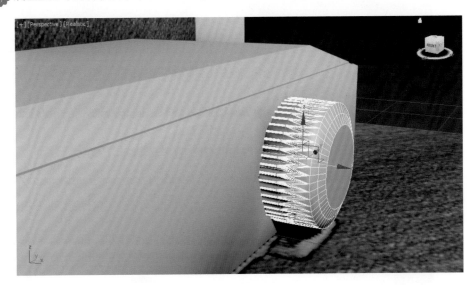

7-1-7 功能按鈕與凹槽製作

01 切換到 Right 視埠，按下『Rectangle』按鈕，並勾選「AutoGrid」選項。

02
STEP 在錶身側面繪製出一個與參考圖上的功能按鈕大小相當的矩形，調整
Conner Radius 數值產生圓角造型，更名為「Function」。

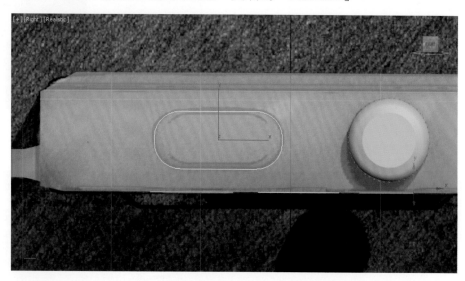

03
STEP 使用製作錶冠凹槽的方法製作功能鍵凹槽，佈線如下圖。

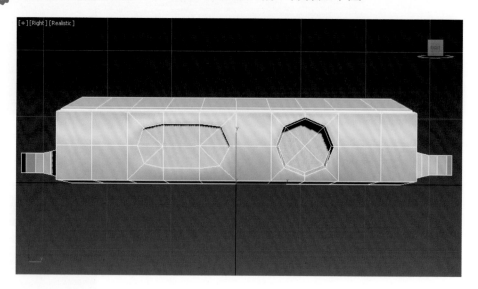

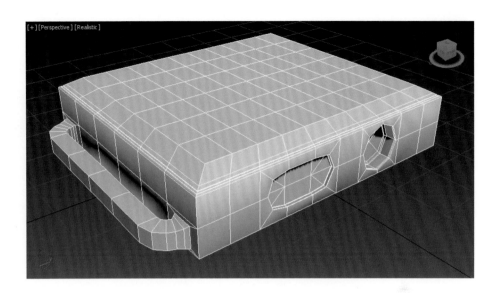

 STEP 04 功能按鈕我們可以直接用 Bevel 功能來製作。

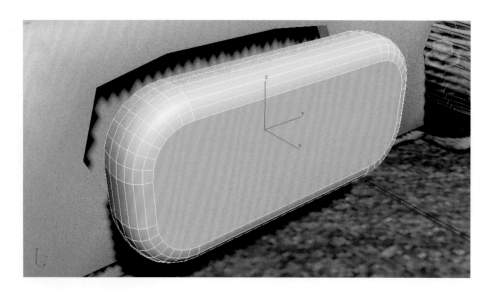

05
STEP 將功能鍵推入凹槽內。

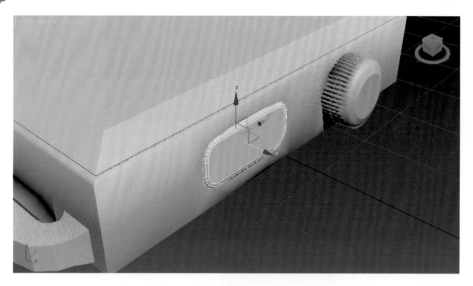

7-1-8 表體圓滑處理與調整

01
STEP
點選「AI-Watch」物件，加上「TurboSmooth」的 Modifier，並將 Iteration 調整為 3。

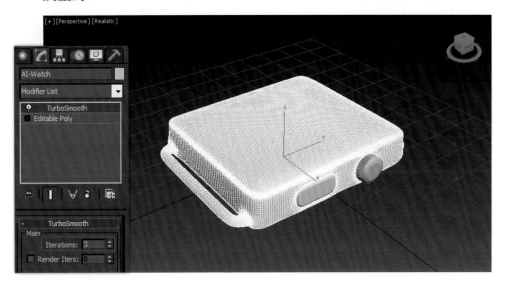

02
STEP
切換到 Right 視埠，微調「AI-Watch」物件兩個按鈕凹槽的的頂點，使之平滑處理後吻合按鈕外型；您也可以稍微縮小按鈕的大小，以符合凹槽尺寸。

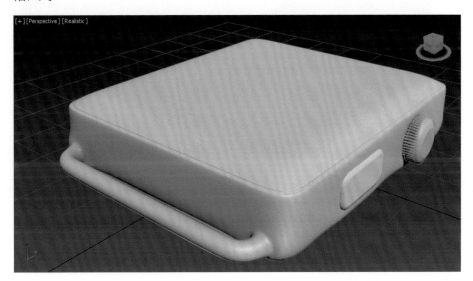

7-1-9 錶帶製作

01 錶帶的部分,我們在 Right 視埠內繪製一個 Donut 類型的 2D Shape,更名為「Watchband」。

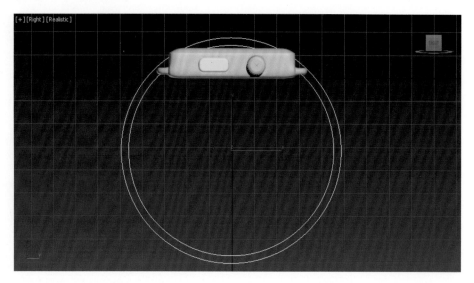

02 切換到 Vertex 層級,按下『Refine』按鈕,在下圖處加入四個 Vertex。

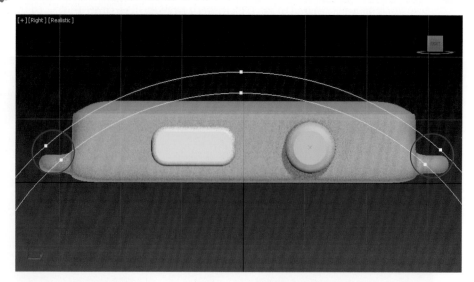

03 切換到 Segment 層級，刪掉下圖四段 Segment。
STEP

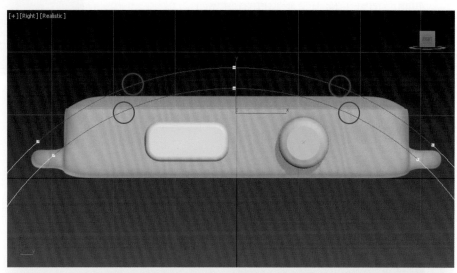

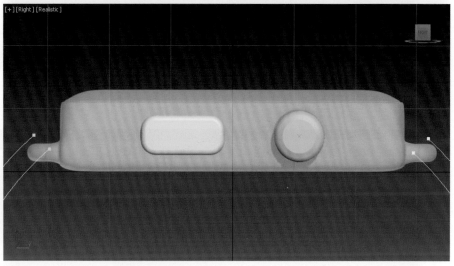

04 切換到 Vertex 層級，按下『Connect』按鈕，在兩
個開口頂點上拖曳，來封閉兩個開口。

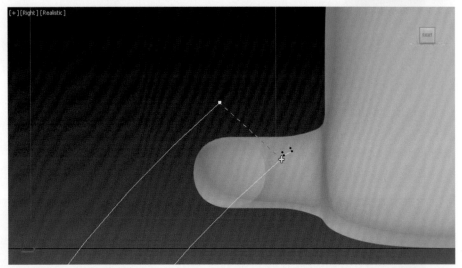

05 將兩端修飾成圓角。

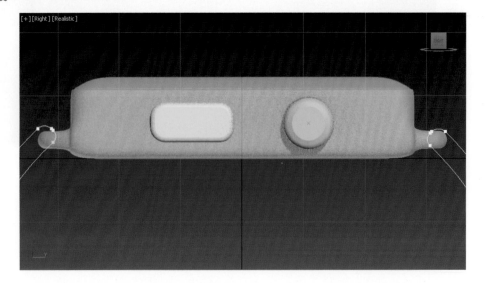

06 加上 Bevel 的 Modifier，擠出 3D 造型，您可以參考下圖的參數，視情況調整出適合的數值。

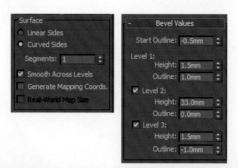

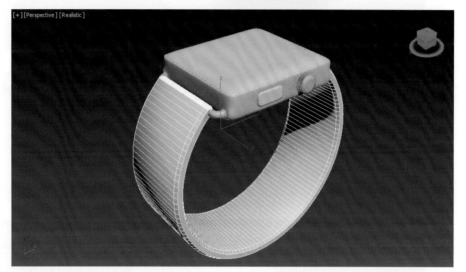

07 在錶帶上加入 FFD(cyl) 的 Modifier，按下『Set Number of points』按鈕，設定控制點數量為 6*3*2。

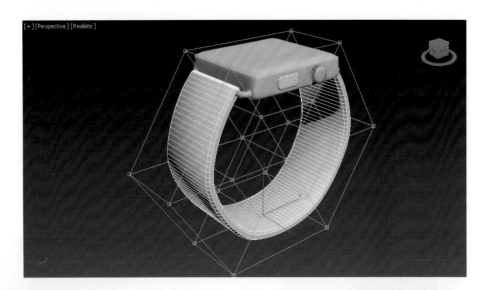

08 切換到 FFD (cyl) Modifier 的 Control Points 層級。

09 此時您可以點選控制點,來進行移動、縮放的調整,調整出適合的錶帶寬度。

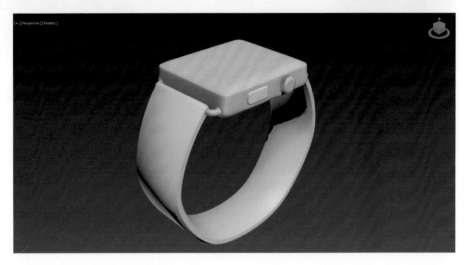

10 經過適當的材質、燈光處理，可以得到一只時尚的智慧型手錶。

11 另外彩現兩張產品圖如下：

MEMO

08 基礎材質

8-1 材質與貼圖

在本章節，您將學到下列內容：

✓ 3D 世界中的質感

✓ 常用名詞介紹

✓ Material Editor 介紹

✓ 指定材質給模型

✓ 材質、貼圖的區分

✓ 材質與貼圖的關係

8-1-1 3D 世界中的質感

「這是電腦作出來的？不是照片？」是我們玩 3D 的人追求的最高境界，當然要能達到這種境界需要許多方面的配合，除了一套強悍的軟體之外，操作者的因素也很重要，在日常生活中要能有主動觀察的的能力，一磚一石，一草一木、一花一果，都要能完全的掌握。

8-1-2 常用名詞介紹

不管使用哪一套軟體：3ds Max、Softimage、Maya，它們的材質屬性很多都是通用的，我們就來介紹一下常用的名詞。

01 **Specular**：高光區，此區域為光線集中反射的高亮度區域，通常會因高度反光而看不清物體真正的質地。

02 **Diffuse**：漫射區，此區域為光線均勻照亮物體的區域，能清楚的呈現物體本身的質感。

03 **Ambient**：暗部區，此區域幾乎位於直接光照的背面，因為光照不足所以會因為太暗而使得細節不清晰，也可視為物件處於陰影中的顏色。

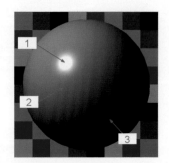

04 **Transparency**：透明度，控制物體透明的程度，像是玻璃、冰塊之類的
STEP 物質特性。

05 **Opacity**：不透明度，與 Transparency 相反。
STEP

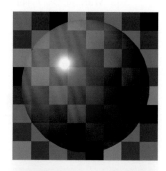

06 **Self-Illumination**：自體發光，就像發光的燈
STEP 泡。

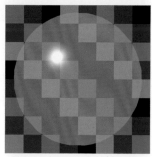

07 **Wire**：網格化，以模型的 Edge 為彩現對象，
STEP Polygon 部分作透明處理。

08 **2-Side**：雙面貼圖，無法線的面同樣作貼圖處
STEP 理，通常只有在物體有透明度時才有用，常
用在玻璃類的材質，彩現會花費雙倍的時間。

3ds Max 2016
動畫設計啟示錄

8-1-3 Material Editor 介紹

3ds Max 提供了兩種材質編輯器，一是傳統的 Material Editor，一是新式節點型態的 Slate Material Editor。底下我們先以傳統的 Material Editor 來做介紹。

Material Editor
Slate Material Editor

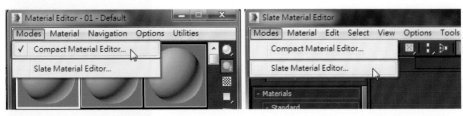

◎ 切換兩種模式的方法

01 在 Main Toolbar 上按下 ，可以開啟 Material Editor（材質編輯器）。

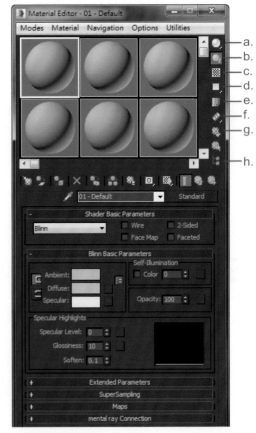

8-4

a. **Sample Type**：按住按鈕可以切換三種材質球外觀顯示模式，分別是球體、圓柱體、立方體。

b. **Backlight**：背光燈源開關。

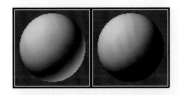

c. **Background**：馬賽克背景開關。

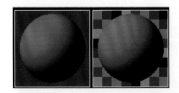

d. **Sample UV Tiling**：貼圖重複次數，很少使用。

e. **Video Color Check**：視訊輸出時顏色檢查。

f. **Make Preview**：通常用於材質的動畫檢視。

g. **Material Editor Options**：材質編輯器細部選項調整，最常調整的是材質球顯示個數。

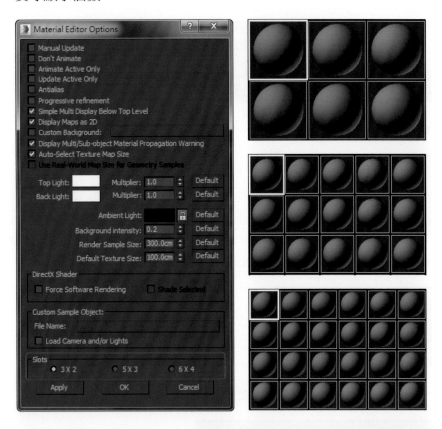

h. **Material/Map Navigator**：材質與貼圖導覽器，可以在我們製作材質時提供層級切換的協助。

02 我們將先介紹最基礎的 Standard Material（標準材質）。
STEP

a. 切換材質類型的方法為點擊面板上的 材質類型按鈕。

b. 於 Material/Map Browser 視窗內，選取「Standard」 材質類型，並按下『OK』 按鈕。

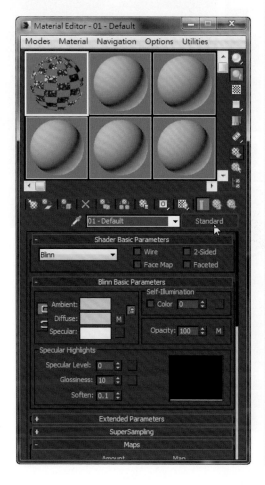

03 圖中一顆顆的球體我們稱之為「材質球」，我們可以在材質球上個別調
STEP 整材質參數。

04 在 Material Editor 內有四個很重要的捲簾,我們在後面的章節會很頻繁
STEP 的調整它們,請您一定要熟悉其位置。

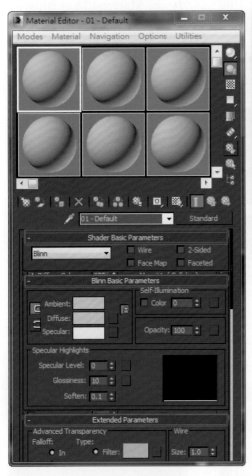

05 Specular Highlight 欄位:
STEP

a. 提高 Specular Level 欄位的數值,會讓該材質的高光區加大,同時右邊
的曲線會呈現突起狀。

b. 提高 Glossiness 欄位的數值,會讓該材質反光區集中,曲線會向內靠
攏,曲線下的面積可反映出反光區範圍的大小。

06 顏色欄位：
STEP

a. **Ambient**：點擊旁邊的長方形色塊，將可開啟檢色器來調色，我們可以利用 RGB 或是 HSV 色彩模型來調色。

b. **Diffuse**：該顏色預設值會與 Ambient 顏色連動，我們可以關掉左邊的連動開關，個別調整顏色；通常 Ambient 的顏色為 Diffuse 顏色的深色版本。

c. **Specular**：控制反光的顏色，一般來說都是設定接近白色的色彩，再由燈光來決定最後的顏色，不過也可以個別給予一個特殊顏色。

d. **Self-Illumination**：讓材質自己發光，這將會隱蔽掉 Ambient 部分的特性。

e. **Opacity**：不透明性，可以控制材質透明的程度，最好打開 Background
的按鈕方便檢視。

8-1-4　指定材質給模型

01　開啟「Material Editor.max」範例檔案。
STEP

02　再將第一個材質球拖曳到場景中的模型上，就完成了材質的指定。
STEP

03 如果場景中的模型沒有顯示應有的材質，我們可以按下材質球區域下方
STEP 按鈕列上的『Show Standard Map in Viewport』按鈕來開啟材質顯示功能。

:::+ TIPS 小技巧

另一種指定材質的方法是先選取要指定的數個模型，再選取要加上的材質
球，按下材質球下方的『Assign Material to Selection』按鈕，這個方法可
以指定一個材質給數個模型，非常好用一定要學會喔。

💬 SUGGESTION 重點提示

在材質球區內的材質球外框有三種可能呈現的形式：

a. 白色三角框：表示使用該材質的物件
正處於被選取的狀態下。

b. 灰色三角框：表示該材質場景中有用
到，但是模型沒有被選取。

c. 無三角框：表示該材質在場景中沒有
被使用到。

8-1-5 材質、貼圖的區分

01 在 Material/Map Browser 內我們可以觀察到有兩種類型的「素材」，一種是圖片，另一種是球體。

a. 貼圖：以圖片呈現的叫做「貼圖」。

Background_Hon...

b. 材質：以球狀呈現的叫做「材質」。

Balloon (Shellac)

02 注意！只有球狀的材質球才可以指定給模型，貼圖不能直接給模型，必須先指定給材質才可以再給模型。

03 一定要能夠正確的區分「材質」與「貼圖」，不然學習材質設定將會遭遇很大的阻礙的。

8-2 基本材質的設置

課 程 概 要

在本章節,您將學到下列內容:

✓ UVW 座標

✓ 背景貼圖

✓ Diffuse Color Mapping

✓ Bump Mapping

✓ Opacity Mapping

8-2-1 UVW 座標

我們知道在三度空間的世界裡,是利用 XYZ 來界定出空間維度,同樣的在材質與貼圖的世界裡,也需要一套座標系統來決定貼圖的位置與角度。

這兩套座標系統可以同時存在,不會互相干擾,但是為了能夠區別,我們就另外替貼圖使用的空間設計另一套座標系統,叫做 UVW 座標系統。

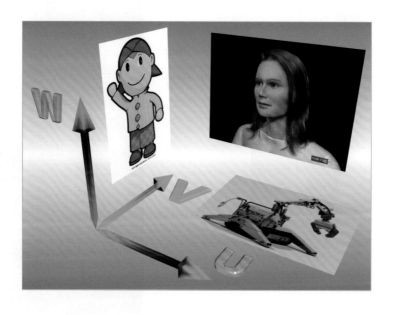

8-2-2 材質基礎設置

01 開啟「Rest_Station.max」範例檔案,我們要在此場景內來練習材質的
STEP 基本設定。

02 基本顏色的設定
STEP

a. 我們要營造出鮮明的場景,材質的部分
不用太複雜。

b. 按住 Main Toolbar 上的『Material Editor』
按鈕,將之切換為傳統的 Material Editor
材質視窗。

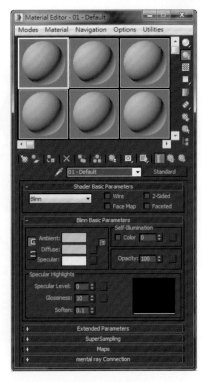

c. 點選第一個材質球，在 Blinn Basic Parameters 捲簾內，點擊 Diffuse 旁的顏色區域。

d. 在開啟的 Color Selector 視窗內的 R、G、B 欄位，分別輸入（79,63,37），並按下『OK』按鈕，藉由 RGB 數值調整出 Diffuse 數值。

e. 將材質名稱修改為「Wall-Left」。

f. 將材質球拖曳到場景內左邊的牆上，將之指定給牆壁物件。

g. 同樣的方法，將第二個材質球命名為「Wall-Right」，設定 Diffuse Color 為（86,91,105），並拖曳指定給右邊的牆壁。

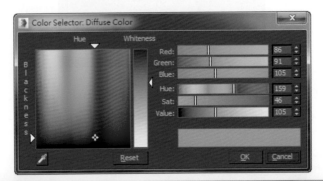

03 有光澤的材質設定
STEP

a. 點選第三個材質球，命名為「Orange」，將 Diffuse Color 設定為（246,75,0），Specular Level：70，Glossiness：40。

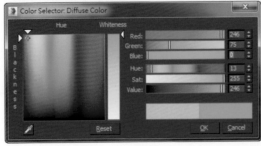

b. 將 Orange 材質球拖曳複製到空的材質球欄位,更名為「Green」,修改其 Diffuse Color 為綠色。

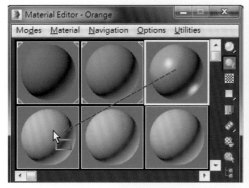 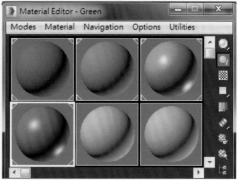

c. 使用同樣的方法複製、修改 Diffuse Color 調整出「Blue」、「White」、「Yellow」、「Red」…,任何您覺得喜歡的顏色。

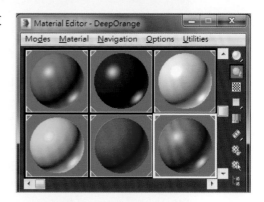

d. 接下來就要請您指定給販售台上的各個部分。在此,您可能會發現,有些小的物件,很難以拖曳材質球的方式,準確的指定上去;此時,您可以先選好物件、材質球,在材質球下方點擊『Assign Material to Selection』按鈕來指定材質。

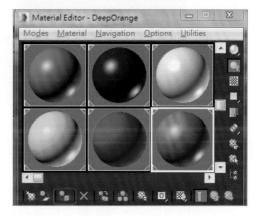

e. 指定的對象物件沒有限制，請發揮您的創意來配色。

◀ 例一

◀ 例二

◀ 例三

04 快速指定 Diffuse 貼圖
STEP

a. 在某些狀況下，需要將大量的圖片，指定到物件上，過程中不需要調整
光澤度等設定，例如指定場景右邊的圓形、正方形的標示板，此時您可
以使用以下的作法。

b. 打開檔案總管，切換到光碟內本節 maps 資料夾的位置，保持在 3ds Max
視窗之上。

c. 直接將圖檔拖曳到標示板上，除了圓形的標示要拖曳到圓形標示板上
正確位置上之外，其他正方形的圖片，您可以自行拖曳到適當的標示
牌上。

d. 您可以參考排列如下圖。

05 **Diffuse Color 貼圖**

a. 開啟 Material Editor 點選一個空的材質球，將材質名稱更名為「Floor」。

b. 展開 Maps 捲簾，點擊 Diffuse Color 後方的『None』貼圖通道按鈕。

c. 在 Material/Map Browser 視窗內，展開 Maps 捲簾，雙擊「Bitmap」貼圖類型。

d. 點選光碟內本節 maps 資料夾內的「Masonry.Stone.Marble.Square.Stacked.Polished.White.fine.png」圖檔，並按下『Open』按鈕。

e. 將此「Floor」材質，指定給地板，點擊『Show Shaded Material in Viewport』按鈕，將材質的貼圖效果顯示在視埠內。

f. 我們檢視一下「Masonry.Stone.Marble.Square.Stacked. Polished.White.fine.png」圖檔，是由四塊磁磚組成的，在現實生活中，一塊大地磚約 60 公分見方，亦即此圖檔應該要覆蓋 120 公分見方的面積。

g. 因此，我們點選地板物件，加上一個名為「Map Scaler」的 Modifier，並將其 Scale 欄位設定為 120cm。

h. 這將會調整貼圖的磁磚到正確的大小。

🔵 地板加上 MapScaler 之前

○ 地板加上 MapScaler 之後

06 Bump 貼圖
STEP

a. 找一個空的材質球，更名為「Paint Wall」，將「Paint-01.png」指定到 Diffuse Color 貼圖通道。

b. 點擊『Go to Parent』按鈕，回到材質層。

c. 點擊 Bump 後方的『None』貼圖通道按鈕。

d. 在 Material/Map Browser 視窗內，展開 Maps 捲簾，雙擊「Normal Bump」
貼圖類型。

e. 點選 Normal 後方的『None』貼圖通道按鈕。

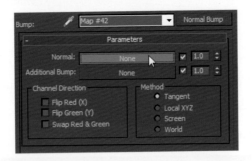

f. 在 Material/Map Browser 視窗內，展開 Maps 捲簾，雙擊「Bitmap」貼
圖類型。

g. 點選「Paint-01-bump.png」圖檔，並按下『Open』按鈕。

h. 點擊兩次『Go to Parent』按鈕，回到材質層，將材質指定給後方牆壁上的「PaintWall」物件。

i. 彩現場景後會發現，該物件的貼圖表面，會有馬賽克磁磚拼貼時的凹凸立體效果。

07 Opacity 貼圖
STEP

a. 在 Material Editor 內找一個空的材質球，更名為「Wave」。

b. 在 Maps 捲簾內，在 Diffuse Color 貼圖通道內使用「Wave.png」貼圖。

c. 將 U 方向上的 Offset 調整為 0.2，Tiling 調整為 2.0。

d. 點擊一下『Go to Parent』按鈕，回到材質層。再點擊 Maps 捲簾內「Opacity」貼圖通道後方的『None』按鈕。

e. 使用 Bitmap 貼圖類型，點選「Wave-alpha.png」圖檔。

f. 同樣將 U 方向上的 Offset 調整為 0.2，Tiling 調整為 2.0。

● Tiling：可調整圖像在被指定的物件上貼圖重複的次數，Tiling 數值設定為 2.0 表示在表面上，圖像重複拼貼兩次，也就是縮小了一半，U 與 V 軸向可以個別設定。

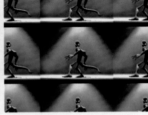
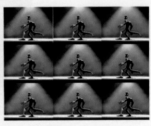

| ◎ Tiling = 1 | ◎ Tiling = 2 | ◎ Tiling=3 |

● Offset：可調整圖片於 U、V 兩軸向的起點偏移比例（請觀察下圖中 0 的位置偏移）。

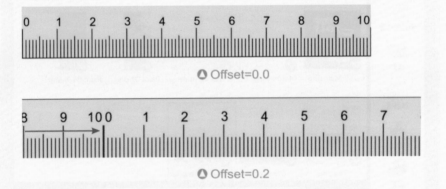

g. 點擊一次『Go to Parent』按鈕，回到材質層，將材質指定給右方牆壁下方的「Wave_Plane」物件。

Opacity 的鏤空原理，其實很簡單，藉由一張黑白圖片當作遮色片，白色的區域對應到照片上的部分會被保留下來，黑色的部分會被當作透明的。

Picture   Mask

08 按下『Render Production』按鈕，彩現完成的場景。

進階材質

9-I　UVW Map

在本章節，您將學到下列內容：

✓ UVW Map 的使用時機

✓ UVW Map 的類型

✓ UVW Map 的其他設定

9-1-1　準備工作

開啟「UVW Map.max」範例場景。

01 打開 Material Editor，這裡已經設置好了兩個材質：strawberry 與 World
STEP　map。將「strawberry」材質指定給場景左邊第一個 BOX。

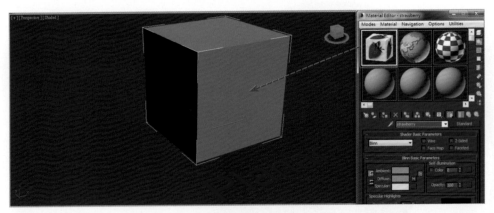

02 材質指定給 BOX 之後，試著對場景彩現，似乎跟我們想像的不一樣，
STEP　畫面出現了一個警告視窗，Max 跟我們抱怨說他不曉得該怎麼將材質
　　內的貼圖往 BOX 身上貼了，我們按下左下角的『Continue』按鈕，強
　　迫 Max 對場景彩現，結果「strawberry」的材質無法在模型上顯示出
　　來。

03 為什麼呢？在之前的場景都很順利的將材質彩現出來啊！原因出在
STEP Max 太替我們著想了，之前建立的基本物件，Max 都事先幫我們定義
好貼圖的軸向，但目前這個 BOX 並沒有此一個預設貼圖軸向，Max 就
不知道該怎麼做了。

9-1-2 UVW Map 的類型

01 Planar（平面貼圖）
STEP

a. 那該怎麼辦呢？我們可以自行指定貼圖的方法。選擇 BOX，加上一個
「UVW Map」的 Modifier，並試著對場景彩現，我們可以發現貼圖出現了。

b. 我們會發現目前的貼圖顯示的方式很特別，只有一個面有貼圖出現；檢視一下 Command Panel 上的 Mapping 選項，目前使用的 Planar 模式，也就是將貼圖以一個平面的方式投影到模型上。

c. 切換到 Gizmo 子物件層級，在模型中央我們可以看到有一個橘色的平面，這個平面就是投影出貼圖的平面，我們可以對它做調整：進入堆疊視窗內 UVW Mapping 的子物件層級，此時剛剛的橘色平面也會變成藍色，現在我們操控的就是這個平面。

TIPS 小技巧

我們將此平面沿著 Z 軸往上移動，使之離開 BOX 模型，以方便我們觀察；右圖中以紅色圈選出來短線，表示此方向是貼圖的上緣，可以藉此觀察出貼圖是否顛倒了。

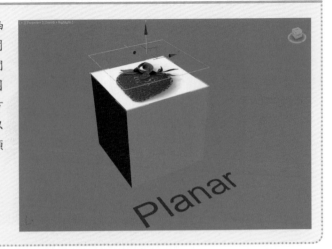

d. 試著移動此平面，可以改變貼圖的位置。

02 Cylindrical（圓柱貼圖）
STEP

a. 接著我們選取第二個圓柱體，指定 Material Editor 內的「strawberry」
材質給此圓柱體。同樣的我們指定 UVW Map 的 Modifier 給此模型，並
指定其貼圖方式為 Cylindrical 圓柱貼圖。

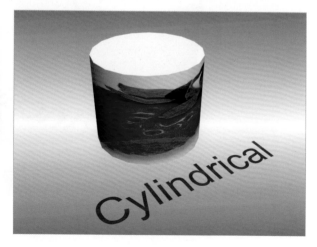

b. 其貼圖的方式類似捲春捲，將貼圖「捲」到模型上，在圖片邊緣的交界
處會形成一條接縫。

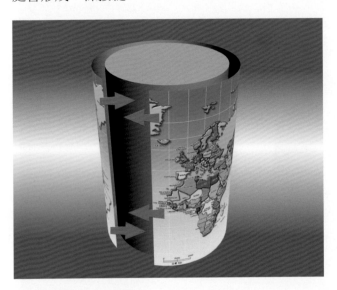

c. 在 Cylindrical 選項旁邊有一個 Cap 可以加選，這會在圓柱體的頂部與
底部也指定貼圖。

d. 這種貼圖模式常用在類似圓柱形的模型上。

03 Spherical（球狀貼圖）

a. 選取第三個球體，指定 Material Editor 內的「World map」材質給此球體。同樣的我們指定 UVW Mapping 的 Modifier 給此模型，並指定其貼圖方式為 Spherical 球狀貼圖。

b. Spherical 貼圖的方式就好像是糖果包裝一樣，將貼圖以類似 Cylindrical 方式「捲」到模型上之後，上下兩端各「捏」成一個點。

c. 此種貼圖方式會在圖片左右端接合處產生接縫，頂端與底端會產生圖片拉扯收縮的情況，常用在星球的貼圖，例如地球、火星。

04 Shrink Wrap（收縮包裹貼圖）

a. 選取第四個球體，指定 Material Editor 內的「World map」材質給此球體。同樣的我們指定 UVW Mapping 的 Modifier 給此模型，並指定其貼圖方式為 Shrink Warp 收縮包裹貼圖。（需先取消 Real-World MapSize 之勾選，才可選取此項目）

b. Shrink Warp 貼圖的方式就像是包餛飩一樣，圖片像漁網一樣包住模型後，將圖片四個角落集中在一起捏成一個點。

c. 這種貼圖方式會產生一個拉扯扭曲的收縮點，適合製作環境貼圖。

05 Box（方塊貼圖）

a. 選取第五個 Box，指定 Material Editor 內的「Strawberry」材質給此球體。同樣的我們指定 UVW Mapping 的 Modifier 給此模型，並指定其貼圖方式為 Box，方塊貼圖。

b. Box 貼圖方式，會將每個面都貼上材質設定的貼圖，這是預設的 Box 基本物件的貼圖方式。

c. 此種貼圖適合用在建築物的材質貼圖上，像是磚牆、地板等。

06 Face（面貼圖）
STEP

a. 選取第六個 Teapot，指定 Material Editor 內的「Strawberry」材質給此
模型。同樣的我們指定 UVW Mapping 的 Modifier 給此模型，並指定其
貼圖方式為 Face 面貼圖。（需先取消 Real-World Map Size 之勾選，才
可選取此項目）

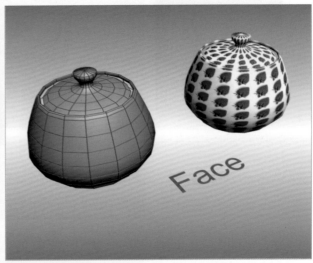

b. Face 貼圖的方式比較特殊，它會在模型每個 Segment 內貼上一張貼圖。

07 XYZ to UVW

a. 選取第七個模型，指定 Material Editor 內的「Cell」材質給此模型。同樣的我們指定 UVW Mapping 的 Modifier 給此模型，並指定其貼圖方式為 XYZ to UVW 貼圖。

b. 這是比較特殊的貼圖方式，僅是用於 3D 的貼圖，如 Cell、Noise、Wood、Dent；這個模式可以將 3D 貼圖鎖定到物體表面，如果拉伸模型，3D 貼圖也會被跟著拉伸，不會造成貼圖在模型表面流動的錯誤現象。

9-1-3 UVW Map 的其他設定

01 接下來我們來看看 UVW Mapping 內其他重要的設定；在 Length、Width、Height 選項內，可以手動設定該 UVW Mapping 的 Gizmo 的尺寸。

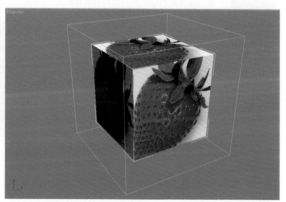

02 UVW 的 Tile 次數，這裡的控制跟貼圖的原理一樣，可以重複貼圖的次
數。

03 接下來我們將捲簾拉到底，這裡有 8 個按鈕。

a. **Fit** ：以目前的軸向，縮放 Gizmo 以符合模型大小。

b. **Center** ：將 Gizmo 對齊模型中央。

c. **Bitmap Fit** ：選取一張點陣圖，以該圖的尺寸，決定 Gizmo 的大小。

d. **Normal Align** ：在模型上按住滑鼠拖曳，可指定 Gizmo 對齊模型上的某個面。

e. **View Align** ：將 Gizmo 對齊目前的視角。

f. **Region Fit** ：可以自行拖曳出 Gizmo 的外型。

g. **Reset** ：重設 Gizmo 為初始狀態。

h. **Acquire** ：設定以絕對或相對的方式取得其他模型的 UVW Map 的大小。

04
STEP 通常我們會在近似圓球的物件上，加上「球形」（Spherical）的 UVW Map，在類似矩型的物件上，加上「方塊」（Box）的 UVW Map。但在某些特殊的情況下，使用與外型不相關的 UVW Map 會有意想不到的特殊效果。

◭ 使用方塊（Box）貼圖方式在圓球物件上

◭ 使用平面（Planar）貼圖方式在方塊物件上

◭ 使用圓柱（Cylindrical）貼圖方式在環形物件上

9-2 使用 Slate Material Editor（岩版材質編輯器）

在本章節，您將學到下列內容：

✓ 使用節點式的 Slate Material Editor

✓ 折射、反射材質

✓ Blend、Multi/Sub-Object 材質

✓ Mask 貼圖

9-2-1 標準材質設定

01 STEP 開啟「Cup for Tea.max」範例檔案。

02 STEP 桌面材質

a. 由快選視窗內點選 Table 物件。

b. 按住『Material Editor』按鈕，切換為 Slate Material Editor 按鈕，開啟 Slate Material Editor 視窗。

c. 於上方「View1」標籤上點擊滑鼠右鍵，點選「Rename View⋯」選
項，於 Rename View 視窗內，將視窗名稱更名為「Standard」。

d. 由左方 Material 捲簾內，將「Standard」材質拖曳到中央工作區內。

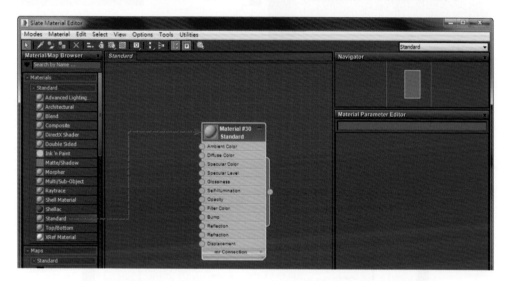

e. 在材質標籤名稱處，點擊滑鼠右鍵，點選「Rename⋯」選項，更名為
Table。

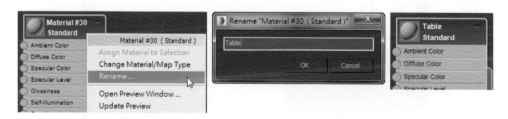

f. 由 Diffuse Color 左側的節點，拉出一條連接線，鬆開滑鼠左鍵時，由
清單內點選 Bitmap 貼圖。

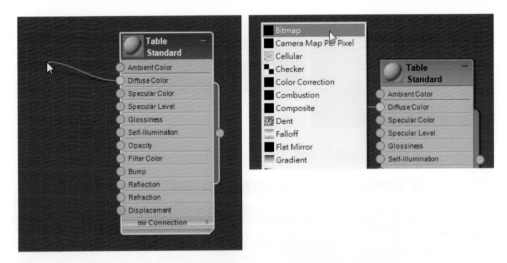

g. 由光碟中本章節的 Maps 資料夾內，點選 Table.jpg 圖檔，按下『Open』
按鈕。

h. 此時材質標籤狀況如下。

i. 再將 Table 材質標籤內的 Bump Channel 左側的連接點，拖曳到 Table.jpg 貼圖的連接點上，表示此兩個貼圖通道共用此一貼圖。

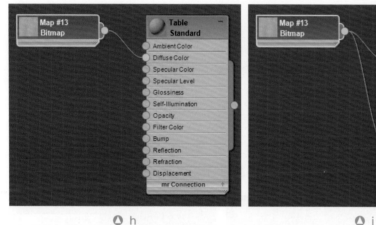

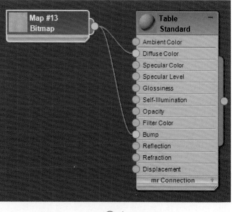

○ h

○ i

j. 雙擊 Table 材質標籤，此時標籤周圍會有一圈虛線圍繞，此時視窗右邊屬性區域會呈現 Table 材質的設定內容。

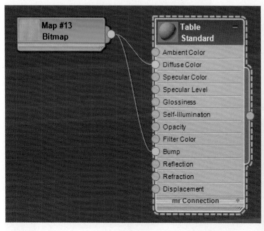

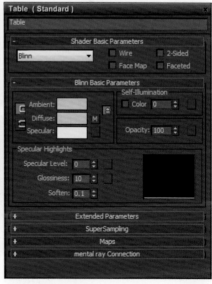

k. 點選場景內的 Table 物件，回到 Slate Material Editor 內的『Assign Material to Selection』按鈕，將此材質指定給桌面物件。

──┼┼── TIPS 小技巧

若有需要，可以按下『Show Shaded Material in Viewport』按鈕，讓您在視埠內檢視貼圖效果。

l. 雙擊 Table 貼圖標籤（虛線圍繞），在屬性視窗內 Coordinates 捲簾內 Angle 項目的 W 軸向設定為 45，讓貼圖以 Z 軸旋轉 45 度。

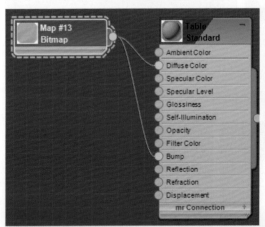

03 方糖材質

a. 使用相同的方法，再拖曳出一個 Standard 材質標籤，更名為「Sugar」。

b. 增加貼圖標籤的方法，除了上述由材質通道連接點拖曳產生外，也可以從左邊的 Maps 標籤內拖曳到工作區內。

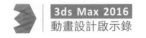

c. 此時請拖曳「Noise」貼
圖到工作區內。

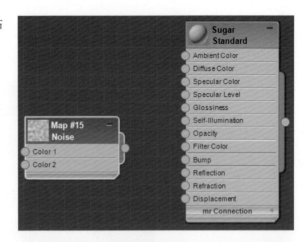

d. 將 Noise 貼圖的連接點與
Sugar 材質標籤的 Bump
連接點以拖曳的方式連
接起來。

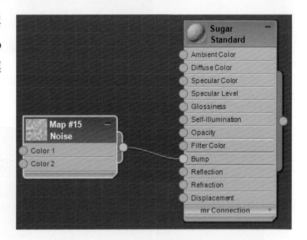

e. 雙擊 Noise 貼圖標籤,在
屬性區內 Noise Parameters
捲簾內,將 Noise Type 設
定為「Fractal」,其他參數
如右圖:

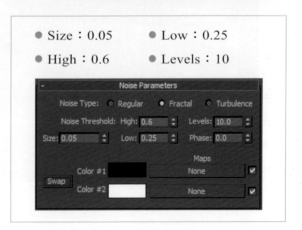

- Size:0.05
- Low:0.25
- High:0.6
- Levels:10

f. 雙擊 Sugar 材質標籤，將 Ambient、Diffuse 顏色設定為（230,230,230）。

g. 將 Self-Illumination 調整為 10，讓方糖稍微發光。

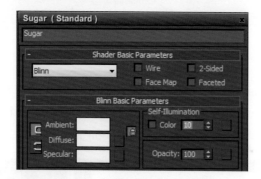

h. 調整 Bump 強度為 10。

i. 最後將 Sugar 材質指定給所有方糖（Sugar-01 ～ Sugar-06）。

04 攪拌匙材質
STEP

a. 在 Slate Material Editor 工作區內點擊滑鼠右鍵，選取 Materials > Standard 選項，產生一個新的 Standard 材質標籤，這是另一種在工作區內產生新材質的方法，將質標籤更名為「Spoon」。

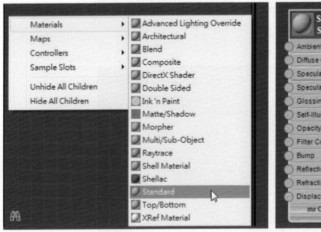

b. 雙擊 Spoon 材質標籤，在屬性區內
設定：

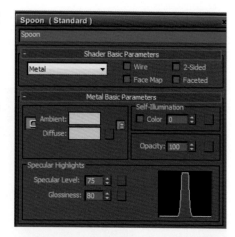

- Shader 類型：Metal

- Ambient 與 Diffuse 顏色均設定為
  （150,150,150）

- Specular Level：75

- Glossiness：80

c. 接著要加上反射性質與真實化處理；
拖曳 Refection 左側的連接點，拉出
連接線來，由清單中挑選 Raytrace 的
貼圖類型。

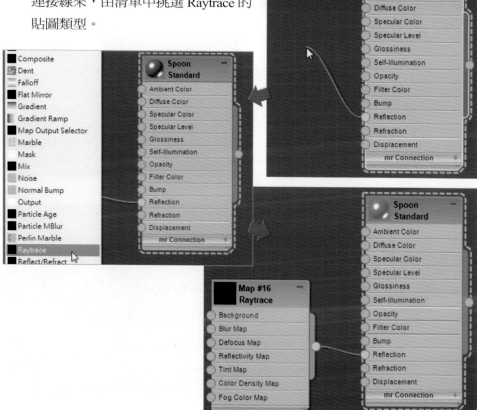

d. 由 Bump 連接點拖曳出連接線，選用 Noise 貼圖
   類型。點擊工具列上的『Lay out All - Vertical』
   按鈕，重新整理標籤的排列。

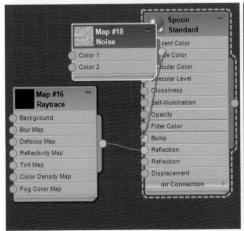

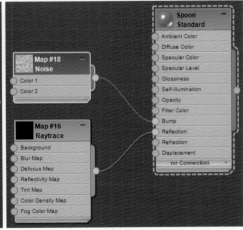

e. 雙擊 Noise 貼圖標籤，在屬性區
   內調整以下設定：

   ● Noise Type：Fractal

   ● Size：0.02

f. 雙擊 Spoon 材質標籤，展開
   Maps 捲簾，將 Bump 強度調整
   為 2，Reflection 為 85。

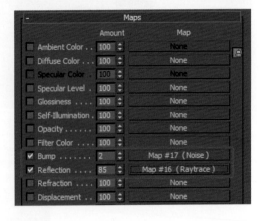

g. 將 Spoon 材質指定給 Spoon-01、Spoon-02 物件。

05 茶水材質
STEP

a. 由快選視窗點選 Tea 物件，選取右邊茶杯的茶水部分。

b. 在 Slate Material Editor 視窗的工作區內產生一個
   Standard 材質標籤，並更名為「Tea」。

c. 在 Diffuse Color 連接點上連接 Bitmap 貼圖，指定貼圖為「Tea-color.png」。

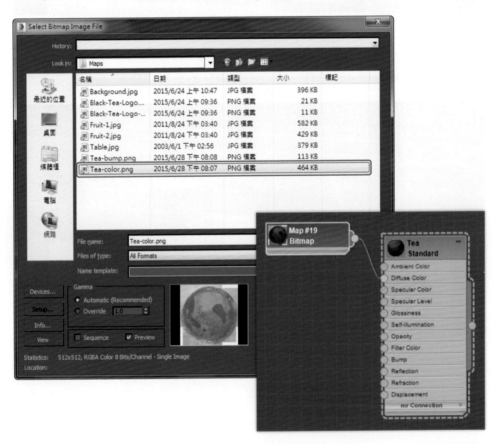

d. Bump 連接點上連接 Bitmap 貼圖，指定貼圖為「Tea-bump.png」。

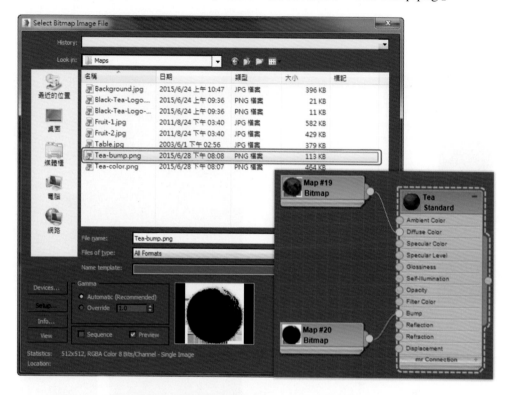

e. 雙擊 Tea 材質標籤，在屬性區內將 Specular Lever 調整為為 60，Glossiness
為 35。

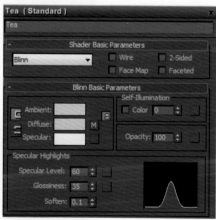

f. 將 Tea 材質指定給 Tea 物件。

06 背景貼圖
STEP

a. 執行 Rendering > Environment…選項，開啟「Environment and Effects」
視窗。

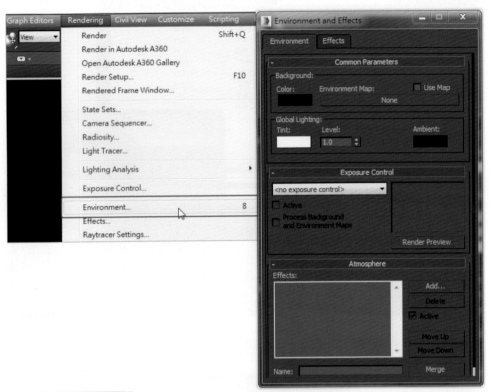

⟶ TIPS 小技巧

您也可以直接按下英文鍵盤區的『8』按鍵，來開啟「Environment and Effects」視窗。

b. 點擊 Common Parameters 捲簾內的
Environment Map 下方的『None』
按鈕。

c. 由 Material/Map Browser 視窗內點選 Bitmap 貼圖類型，並按下下方的
『OK』按鈕。

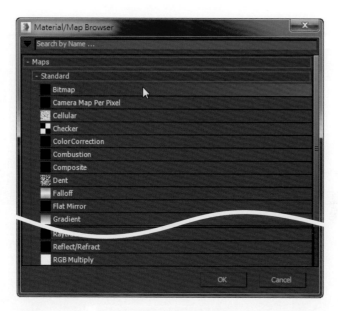

d. 點選「Background.jpg」圖片作為背景貼圖。

e. 將按鈕拖曳到 Slate Material Editor 工作區內，鬆開滑鼠時，由 Instance (Copy)⋯視窗內挑選「Instance」選項，並按下『OK』按鈕

f. 將此貼圖標籤更名為「Background」。

g. 雙擊此貼圖標籤後於屬性區內，將 Mapping 調整為 Screen，V 軸之 Offset 為 0.4，並取消 U、V 兩軸的 Tile 勾選。

h. 此時可以在攝影機視埠內看到背景圖片的效果。

---ⵏ TIPS 小技巧

如果視埠內沒有顯示背景圖,您可以開啟 Views > Viewport Background >
Environment Background 選項。

07 水果材質
STEP

您可以試著練習將 Fruit-1.jpg、Fruit-2.jpg,指定給 Fruit-01 ～ Fruit-05
物件。

9-2-2 透明材質設定

01 新增 Slate Material Editor 工作區標籤。
STEP

a. 為了方便區分材質類型,我們要新增一個工作區標籤。

b. 在 Slate Material Editor 工
作區標籤旁空白處點擊滑鼠
右鍵，並點選「Create New
View…」項目。

c. 於 Create New View 視窗內輸入「Trans.」，並按下『OK』按鈕產生一
個名為「Trans.」的新分頁。

┅╫┅ TIPS 小技巧

您也可以忽略此一步驟，將所有的材質集中在一個分頁內。

02 玻璃碗材質
STEP

a. 由左側拖曳「Raytrace」進到工作區內，並修改材質標籤名稱為
「GlassBowl」。

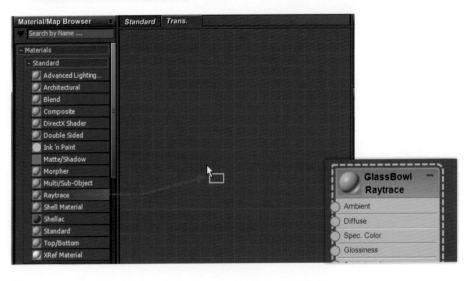

b. 雙擊此材質標籤，修改屬性區之參數。

- 勾選 2-Sided
- Diffuse：209,209,209
- Transparency：240,240,240
- Index of Refr：1.8
- Specular Color：148,148,148
- Specular Level：220
- Glossiness：75

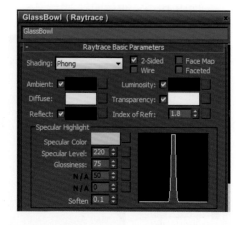

SUGGESTION 重點提示

Index of Refr. 通常縮寫為 I.O.R，也就是我們常聽到的「折射率」。定義真空的折射率為 1.0，其他的物質來跟真空比較，得出的數值即為 I.O.R 數值，常見的物質 I.O.R 數值。

材質	真空	空氣	水	酒精	玻璃	水晶	鑽石
I.O.R	1.0	1.00029	1.33	1.36	1.5~1.8	2.0	2.4

c. 您可以按下 Main Toolbar 上的『Render Production』按鈕，彩現攝影機視埠。

d. 為了增加玻璃的真實性（不完美性），我們要在玻璃上增加一點雜訊：
拖曳 Bump 連接點，連接「Noise」貼圖。

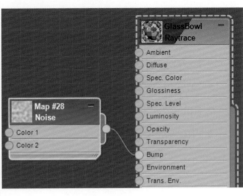

e. 雙擊 Noise 貼圖標籤，設定 Noise 屬性。

- Noise Type：Fractal
- Size：0.1

f. 雙擊 GlassBowl 材質標籤，調整 Bump 強度為 1，讓玻璃增加一點不平整性。

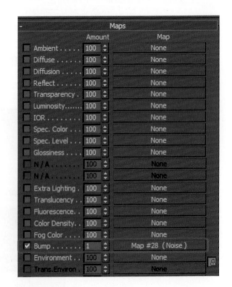

g. 按下 Main Toolbar 上的『Render Production』按鈕，彩現攝影機視埠。

9-2-3 反射材質設定

01
STEP 新增 Slate Material Editor 工作區標籤，並更名為「Blend&Multi.」。

02
STEP 茶杯、碟子材質設定

a. 我們計畫茶杯、杯碟、方糖碟均具有三種材質：綠色、白色、綠底 logo，規劃如下圖，括弧內的數字為我們設定的材質編號：

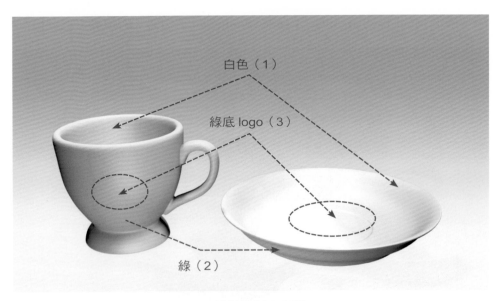

⚪ 材質規劃示意圖

03 反射材質設定

a. 在 Slate Material Editor 的「Blend&Multi.」工作區內，產生一個 Standard 材質標籤，更名為「WhiteChina」。

b. 雙擊材質標籤，在屬性區調整以
下參數：

- Diffuse、Ambient 顏色：
  230,230,230

- Specular Level：250

- Glossiness：63

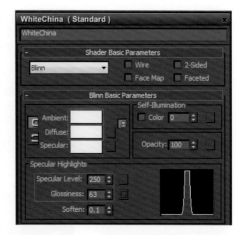

c. 按住『Shift』按鍵，點選並向下拖曳「WhiteChina」
材質標籤，以複製一個相同參數的材質，將之更
名為「GreenChina」。

d. 雙擊「GreenChina」材質標籤，將其 Diffuse、
Ambient 顏色修改為 0,11,0，此時材質球會變為
深綠色。

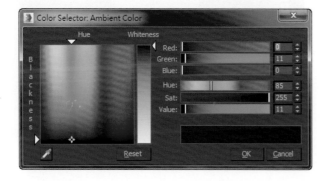

e. 由左側 Maps >
Standard 捲簾內，
將「Raytrace」貼
圖類型拖曳到工作
區內。

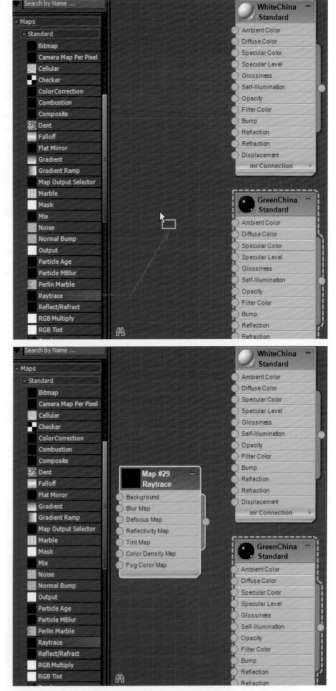

f. 由 Raytrace 貼圖右側的連接點，分別拖曳兩條連接線到 WhiteChina、GreenChina 的 Reflection 連接點上，表示此兩個反射連接點，共用 Raytrace 貼圖。

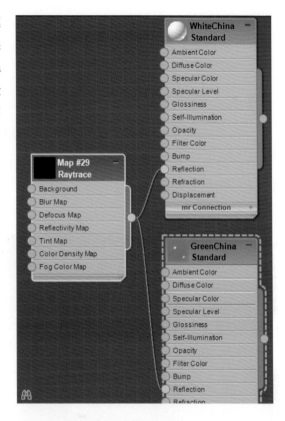

g. 分別雙擊 WhiteChina、GreenChina 兩個材質標籤，分別將 Reflection 的貼圖強度調整為 2 與 1。

🔺 WhiteChina

🔺 GreenChina

┉┤┠ TIPS 小技巧

深色的材質,心理感覺上反射強度較低。

04 Blend 材質設定
STEP

a. 在 GreenChina 材質標籤右側,以拖曳的方式新增一個 Blend 材質標籤。

b. 此時除了 Blend 材質標籤外,還會有兩個預設的材質標籤連接在上面, 分別點選此兩個預設的材質標籤,按下鍵盤上的『Delete』按鍵將之刪 除。

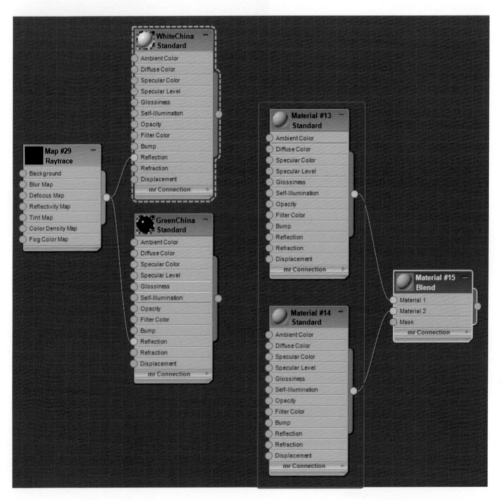

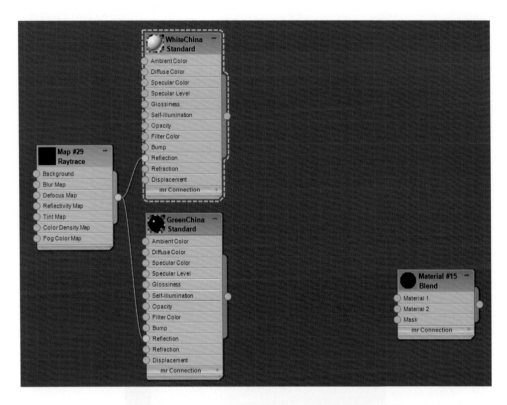

c. 將此 Blend 材質標籤更名為「Blend_Logo」。

d. 將 GreenChina 材質標籤右側的連接點，連接到 Blend_Logo 材質標籤上的「Material 1」連接點上。

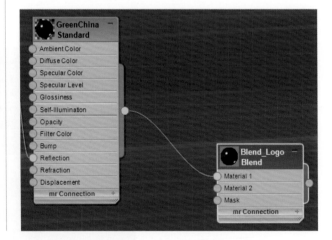

e. 在 Blend_Logo 材質標籤左側，GreenChina 材質標籤下方，新增一個 Standard 材質，並將材質名稱更名為「Logo」。

f. 在 Logo 材質標籤的 Diffuse Color 連接點，連接一個 Bitmap 貼圖，貼圖指定為「Black-Tea-Logo.png」。

g. 雙擊 Logo 材質標籤，修改其屬性為：

- Self-Illumination：10

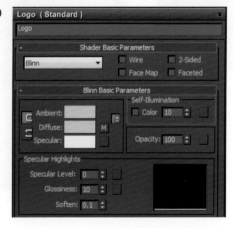

h. 將 Logo 材質標籤右側的連接點，連接到 Blend_Logo 材質標籤上的「Material 2」連接點上。

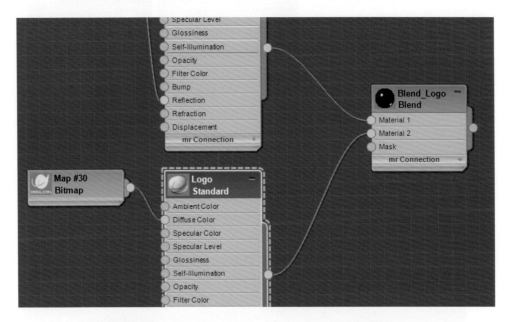

i. 於 Logo 材質標籤下方，由左側 Maps > Standard 捲簾內，拖曳產生一個 Bitmap 貼圖標籤，並指定使用的貼圖為「Black-Tea-Logo-Alpha.png」。

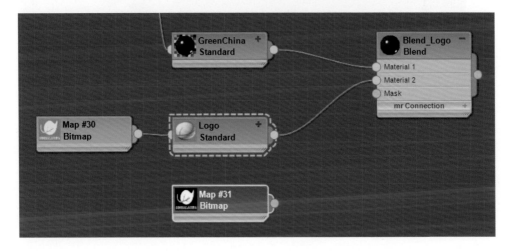

您可以點擊材質標籤右上角
的 +、- 符號來展開、收合
材質標籤，以免佔用過多的
工作區域。

j. 將貼圖標籤右側的連接點，連接到 Blend_Logo 材質標籤上的「Mask」
連接點上，此時就完成了 Blend 材質設定。

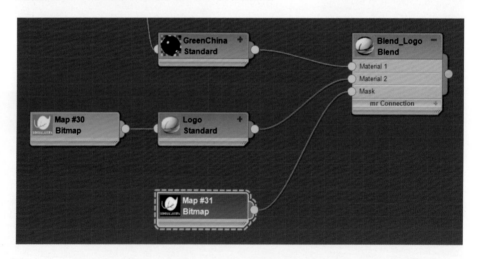

k. 目前材質與貼圖的連結狀態如下圖。

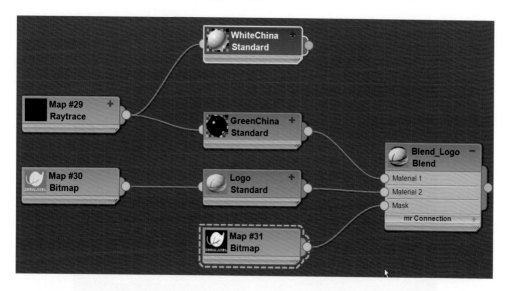

📣 SUGGESTION 重點提示

當兩個材質要融合顯示在一個物件上時，我們可以使用 Blend 材質來呈現。藉由一張遮罩（Mask）灰階圖像來區分何處該顯示 Material 1、Material 2；黑色部分可以完整顯示 Material 1 的材質，白色部分可以完整顯示 Material 2 的材質，若為灰色，則依照其黑、白混合的比例，來決定 Material 1 與 Material 2 顯示的強度。

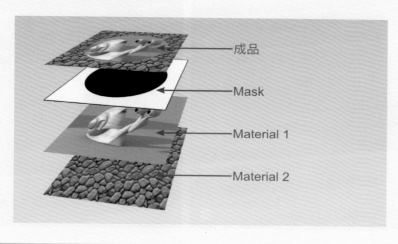

05 Multi/Sub-Object 材質設定
STEP

a. 拖曳產生一個 Multi/Sub-Object 材質標籤,並更名為「China」。

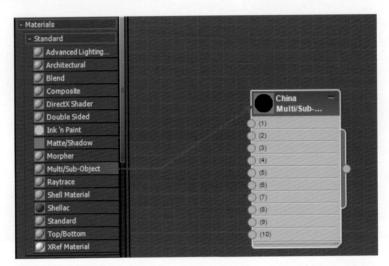

b. 雙擊此一材質標籤,點擊屬性區的『Delete』按鈕,將原本 10 個子材質,刪除剩下 3 個。

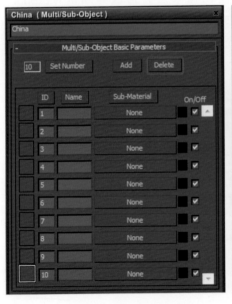

c. 將 WhiteChina 材質標籤的連接點與 China 材質標籤內的（1）連結。

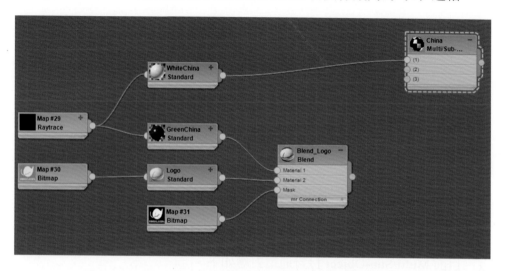

d. 將 GreenChina 材質標籤的連接點與 China 材質標籤內的（2）連結。

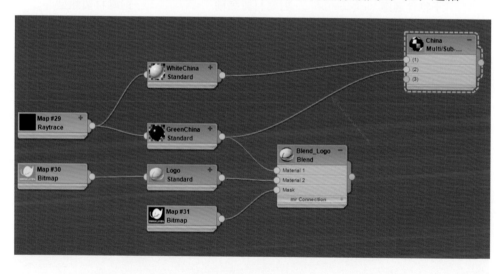

e. 將 Blend_Logo 材質標籤的連接點與 China 材質標籤內的（3）連結。

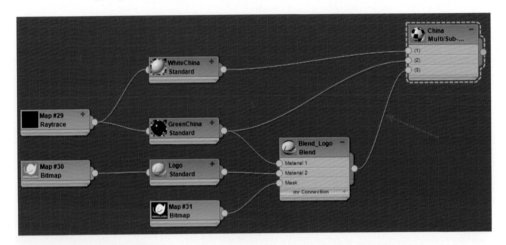

f. 目前 Multi/Sub-Object 材質通道對應如下。

子物件通道	對應材質名稱	對應材質類型
Channel 1	WhiteChina	Standard
Channel 2	GreenChina	Standard
Channel 3	Blend_Logo	Blend

9-2-4　物件 Material ID 設定

01 STEP 杯子 Material ID 設定

a. 選取任一只杯子，按下『Isolate Selection』按鈕 ，視窗內將僅顯示所選取的杯子。

您可以按下『P』按鍵,將視埠切換為 Perspective 視景,以方便以下的
操作,隨時您可以按下『C』按鍵,切換為攝影機視景。

b. 切換到 Polygon 子物件層級。

c. 框選整個杯子。

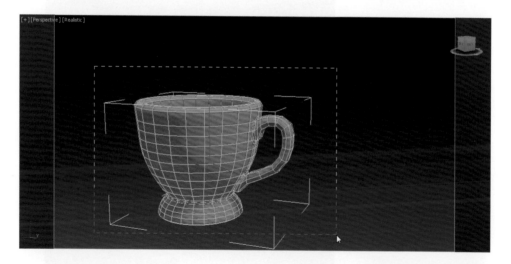

d. 找到 Polygon: Material IDs 捲簾,調整 Set ID: 欄
位之數值為 2,表示將來要套用 China 材質標籤
的 Channel 2 連結的材質:GreenChina。

e. 勾選「Ignore Backfacing」選項，表示接下來的選取動作，背後的 Polygon 將不會被選到。

f. 旋轉視角由上往下看，選取杯子底部的最小一圈 Polygon。

g. 連續點擊『Glow』按鈕，擴大選取範圍到杯緣處。

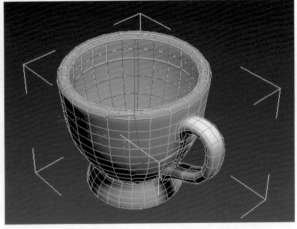

h. 將這些 Polygon 的 Material ID
修改為 1。

i. 取消勾選「Ignore Backfacing」
選項。

j. 由側面框選最杯子底座的最下面一圈 Polygon。

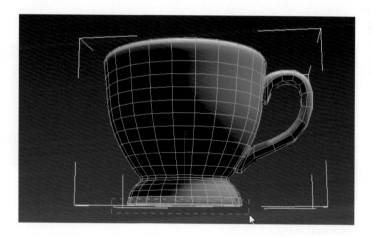

k. 設定這些 Polygon 的 Material ID
為 1。

l. 再次勾選「Ignore Backfacing」
選項。

m. 按住 Ctrl 來加選出如圖區域，並將這些 Polygon 的 Material ID 為 3。

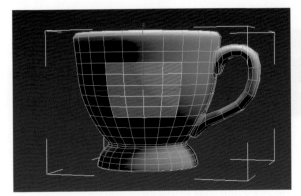

n. 保持選取狀態下，加入 UVW Map。

o. 將對齊軸向修改為 Y 軸。

p. 按下『Normal Align』按鈕。

q. 在模型選取區域上點擊並拖曳滑鼠到選取區域的中央位置。

r. 關閉『Isolate Selection』按鈕 ，顯示完整場景。

s. 將 China 材質指定給兩個杯子，因為兩個杯子為 Instance 關係，所以只需指定一個杯子的 Material ID 另一個也會擁有同樣的設定。

02 杯碟、方糖碟 Material ID 設定
STEP

a. 依照同樣的方法，將杯碟、方糖碟的 Material ID 設定好，並將 China 材質指定給它們。

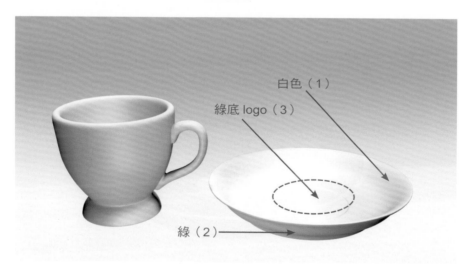

白色（1）
綠底 logo（3）
綠（2）

⚑ 材質規劃示意圖

b. 其中 UVW Map Modifier 的 Alignment 設定為 Z。

c. Mapping 欄位的 Length 與 Width 分別設定為 1.5 與 2.0。

d. 結果如下圖。

e. 方糖盤，可以稍微變化一下。

9-2-5 最後的完成圖

MEMO

10

攝影機

IO-I 攝影機的建立與基本調整

在本章節,您將學到下列內容:

✓ 攝影機的建立

✓ 攝影機視埠調整

✓ 攝影機重要參數設定

10-1-1 攝影機的建立

電腦動畫裡的攝影機其角色是代替我們人類的眼睛,在電腦場景內觀看我們建構出來的的場景內容,也是電腦動畫最終的彩現視埠,所以我們要能很熟練的操控攝影機,以呈現出我們心目中理想的畫面。

Max 提供給我們兩種型態的攝影機:在 Create 面板裡我們切換到 Camera 標籤頁面,我們可以可以找到三種攝影機,分別是 Physical、Target 與 Free 兩種。

01 **Target Camera**:有目標點的攝影機,此種攝影機包含兩個部分,一是攝影機本體,另一個是攝影機的目標點。

a. 首先我們打開「goddess.max」範例檔案。

b. 按下 Target 按鈕,在上視埠自由女神模型的右側按住滑鼠不放,向左拖曳,在自由女神模型上放開滑鼠左鍵。

c. 這個動作會在場景內建立一具名為「Camera01」的攝影機,同時在視埠上我們可以看到 Camera 與 Camera Target 了。

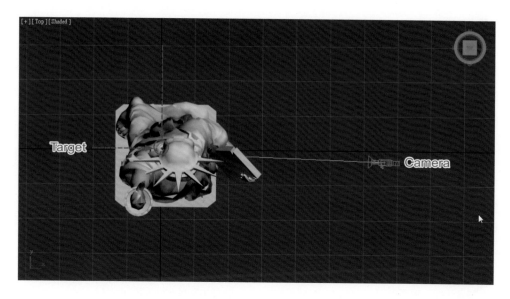

d. Target Camera 有一個很有趣的特性，Camera 永遠會「看著」Target 點。也就是說，我們只要改變 Target 的位置，就可以控制 Camera 拍攝的方向。

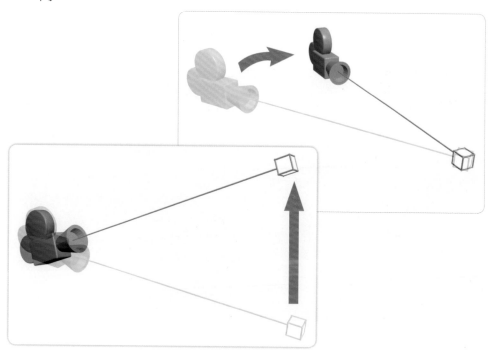

02 **Free Camera**：無目標點的自由攝影機，這種攝影機跟我們實際使用的
實體攝影機很像，只需轉動攝影機，就可以改變攝影機拍攝的方向。

a. 按下 Camera > Free 的按鈕，
直接在任一個視埠內用滑鼠左
鍵點擊一下，就可以產生一部
Free Camera 了。

b. 我們可以利用移動與旋轉工
具，改變 Free Camera 拍攝的
方向。

10-1-2 攝影機視埠調整

01 現在我們學會了對 Camera 與 Camera Target 兩者做移動與旋轉的操
控，但是我們怎麼知道目前的攝影機「看到」什麼東西呢？很簡單，
我們先切換到一個較不常用的視埠，然後按下鍵盤上的「C」按鍵，
該視埠就會切換到攝影機視野，同時該視埠左上角的標籤也會切換為
「Camera01」。

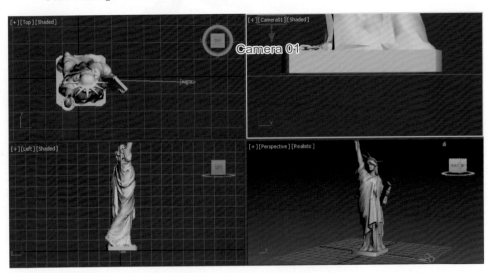

02 注意看一下右下角的視埠操作面板,現在已經不一
STEP 樣了。

03 在這裡我們僅介紹與 1-4 不同的控制按鈕。
STEP

a. **Dolly Camera**:固定 Target,以沿著 Camera 與 Target 的連線為軌道,
前後推動攝影機。

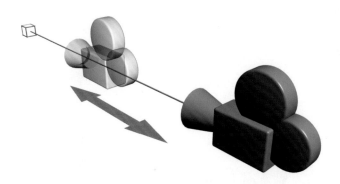

b. **Dolly Target**:固定 Camera,以沿著 Camera 與 Target 的連線為軌道,
前後移動 Target。

c. **Dolly Camera + Dolly Target**：固定 Camera 與 Target 間的距離，以沿著 Camera 與 Target 的連線為軌道前後一起移動。

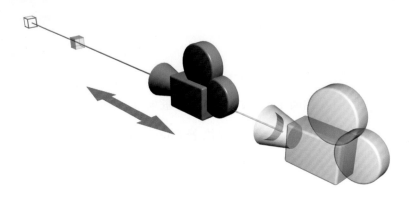

🔺 Dolly Camera Out   🔺 Dolly Camera In

d. **Perspective**：透視調整，利用調整消點的遠近，使模型呈現誇張宏偉的效果。

e. **Roll Camera**：旋轉攝影機。

f. **Field of View**：視野，通常縮寫為「FOV」，人類的眼睛，會向前投射一個圓錐體的區域，在這個錐體內才是我們能夠看到的範圍。電腦繪圖的攝影機則是會向前投射一個矩形角錐，不改變攝影機的位置，僅改變此一角錐的夾角，就可以控制攝影機的可視範圍。

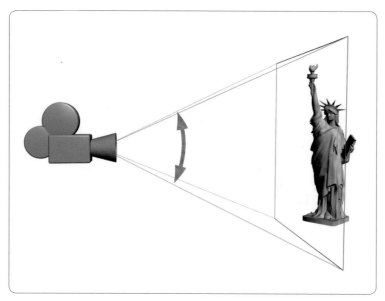

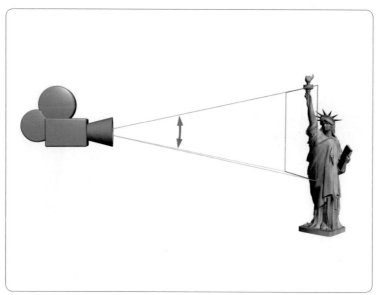

g. **Orbit Camera**：以 Target 為圓心旋轉攝影機。

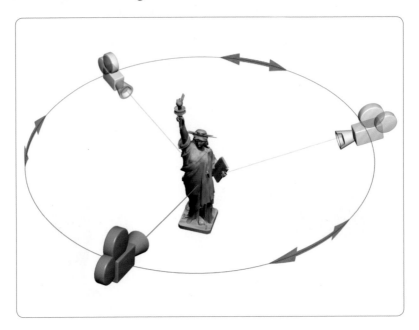

h. **Pan Camera**：以攝影機原來的位置旋轉攝影機，就像是在擺頭一樣。

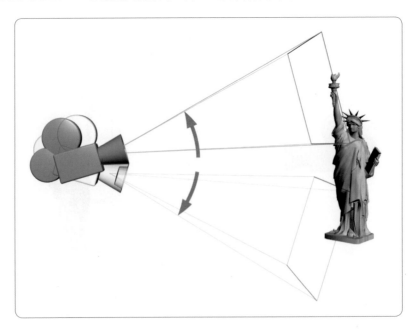

IO-2 攝影機的重要設定

在本章節，您將學到下列內容：

✓ 攝影機重要參數設定

✓ 常用的拍攝取景方式

10-2-1 攝影機重要參數設定

01 在這個小節裡我們要來看看攝影機的重要設定，請先打開「cupboard.max」範例檔案。

02 在這個場景裡有一個櫃子的模型，攝影機位於小房間之外。選取 Camera01，切換到 Modify 標籤面板。

a. **Lens**：鏡頭的尺寸，這是相對於照相機的鏡頭尺寸，50mm 是標準鏡頭，可以呈現接近人類眼睛的效果；大於 50mm 可以有望遠鏡的效果，小於 50mm 則是廣角效果，甚至可以呈現魚眼效果，如下圖所示。

⬤ Lens：28mm

⬧ Lens：50mm

⬧ Lens：135mm

b. **FOV**：視野夾角，在前一小節我們已經介紹過 Field of View，這個數值是與 Lens 數值呈反比的。

⋯⫴ TIPS 小技巧

Max 提供給我們快速套用 Lens 尺寸的方法，只要點擊 Modify 標籤面板內 Stock Lenses 區內的按鈕就可以快速的切換所需要的 Lens 尺寸。

c. **Type**：攝影機類型，從這裡可以在 Free Camera 與 Target Camera 兩種類型之間作切換。

（此處無，改置於下方）

03 請開啟「Liveroom.max」範例檔案，這是個起居室的場景，攝影機位於房間外面。

a. 我們希望能跟上一個範例一樣可以在室內檢視場景，由於房間狹小因此如果我們硬要將攝影機置於室內，勢必使用誇張的廣角鏡頭甚至魚眼鏡頭，這會造成畫面的變形。

b. 這種情況在建築、室內設計的案子裡常常碰到，我們總不能把牆壁拆了來擺放攝影機吧！Max 提供一個很好用的功能能夠在不拆牆壁的前提下來檢視室內場景。

c. Camera 與 Target 的位置不動，我們要調整攝影機的 Clipping Planes 的欄位，先勾選 Clip Manually，在底下的 Near Clip 欄位設定 350cm，Far Clip 欄位設定為 750cm；Near Clip 與 Far Clip 會在攝影機的視角錐體內產生兩個切面，切面之間的範圍是攝影機能夠顯示的區域，這樣我們就可以用正常的 50mm 的 Lens 來檢視場景了。

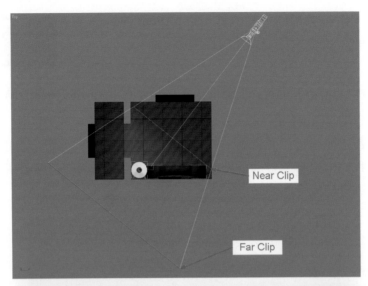

TIPS 小技巧

並不是每個場景的攝影機都要用標準的 50mm 鏡頭，如果您要強調主角的宏偉外觀，可以用小於 50mm 的廣角鏡頭，相反的，如果要強調主角的細部，可以用大於 50mm 的望遠鏡頭。

10-2-2 常用的拍攝取景方式

01 鏡頭的遠近；

a. **WS 或 WIDE（全景）**：顯示整體的位置，物體或動作的全視埠，能夠傳達人物與環境間的關係。

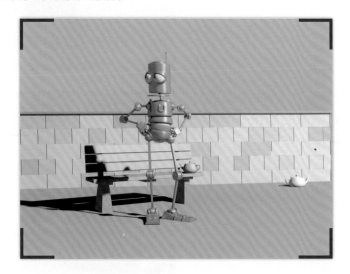

b. **MS（中景）**：通常顯示人物腰部以上的範圍，比 CU 的範圍略鬆。

c. **CU（近景）**：顯示人物肩膀以上的範圍，通常使用於正常對話的場景。

d. **ECU（特寫）**：能夠描述某特定的器官細微的動作，例如眼神、嘴角等神情。

TIPS 小技巧

在設置室內或建築場景時，可以為攝影機加上 Camera Correction 的 Modifier，將攝影機視圖修正為兩點透視，並使的場景的垂直線保持垂直。要加入此一 Modifier 的方式比較特別，必須先選取攝影機，然後從選單列上 Modifiers > Cameras > Camera Correction 來加入。

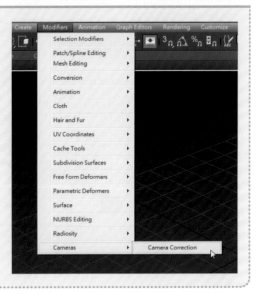

IO-3 Physical Camera（物理攝影機）

在本章節，您將會學到下列內容：

✓ Physical Camera 的特性

✓ Physical Camera 的基本操作

01 在 3ds Max 2016 版本，Autodesk 與 V-Ray 協力廠商 - Chaos Group 聯手
STEP 開發出更接近真實攝影機的 Physical Camera（物理攝影機），提供真實
攝影機的屬性，例如快門速度、光圈、景深和曝光時間，可更輕易的製
作出真實照片等級的彩現結果。

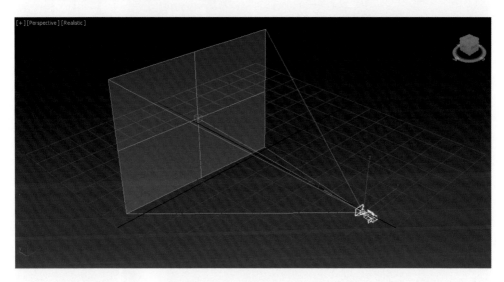

02 開啟「Factory.max」範例檔案。

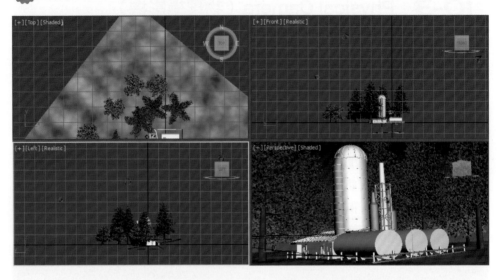

03 在 Perspective 視埠點擊滑鼠右鍵，確認該視埠為操作視埠，直接按下 Ctrl+C 按鍵，以目前的透視視景建立一部「Physical Camera」。

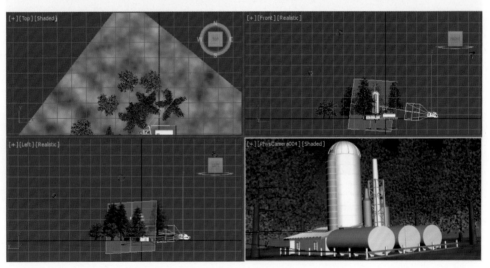

您也可以在 Command Panel 面板內，切換到 Create > Cameras 標籤，按下 Physical 鈕，依照 Target Camera 攝影機的建立方式，自行建立一部 Physical Camera，並調整其位置、方向、角度。

04 攝影機類型
STEP

a. 在 Physical Camera 捲簾內，關閉 Lens 類別內的 Specify FOV 前的勾選。

b. 此時可以模擬市面上的不同廠牌攝影機的感光片幅，預設為全片幅（Full Frame），您可以選用清單中其他的設定值。

c. 各種設定值的效果：

⬤ 35mm（Full Frame）

⬤ APS-C（Canon）

⬤ APS-C（Nikon、Sony…）

⬤ APS-H（Canon）

○ Four Thirds

‑‑‑ TIPS 小技巧

您可以編輯位於 3ds Max 安裝目錄下，於使用的語系資料夾（例如：\en-US）內的 PhysicalCameraFilmPresets.in 文件檔案，來添加自訂的攝影機類型，但建議您不要刪除原始檔案。

d. 在本範例中，我們使用預設的 35mm 全片幅設置。

05 鏡頭尺寸與變焦功能
STEP

a. **Lens**（鏡頭焦距）：將鏡頭焦距設定為 35。

b. **Aperture**（光圈）：此數值將影響曝光與景深。數值越低，光圈越大，景深就越短。

c. Zoom 設定為 1.1，此處的 Zoom 等同於實體相機的變焦功能。

06 攝影機校正
STEP

a. 展開 Perspective Control 捲簾，勾選 Title Correction
類別內的「Auto Vertical Title Correction」項目，來
對歪斜的攝影機做垂直校正。

b. 校正前後：

07 曝光校正

a. 您可以按下 Main Toolbar 上的『Render Production』按鈕，進行攝影機
視埠的彩現。

b. 此時彩現的曝光度稍嫌不足，請展開攝影機參數面板
上的 Exposure 捲簾，按下『Install Exposure Control』
按鈕。

TIPS 小技巧

若出現「Replace existing exposure
control?」詢問訊息，請按『確定』按
鈕。

c. 調整 Exposure Gain 類別內的 Target EV 數值,可以
調整曝光度。

d. 各種 EV 數值的效果。

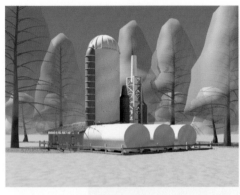

△ EV=12

△ EV=13

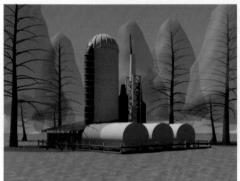

△ EV=14

△ EV=15

e. 我們選擇 EV=14.5 為最後的成
品曝光校正數值,您可以依照
喜好或需求作必要的調整。

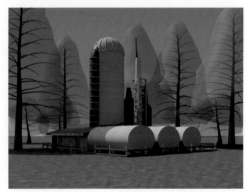

基礎燈光

11-1 基礎燈光介紹

11-2 好萊塢三點照明

II-I 基礎燈光介紹

在本章節,您將學到下列內容:

✓ 基礎燈光的類型與特性

✓ 燈光的控制

✓ 燈光的設定

11-1-1 基礎燈光的類型與特性

01 燈光是照亮場景的元素,燈光的設置關係到場景的氣氛與細節的呈現。

02 燈光的設置非常重要,而且需要長時間的練習,通常燈光師需要比攝影師多花個三、五年才可以磨練得出來喔!

03 在 Max 裡提供的基礎燈光與我們日常生活中的燈光的特性不大相同:

a. 一般的燈光:照射到物體表面時,光子會產生反彈,反彈的同時會「染上」部分物體表面的顏色並且能量會衰減,碰到第二個表面時,光子帶著的顏色會影響第二個表面上的顏色,能量再次衰減,一直反彈下去,直到光的能量衰減到趨近於零為止。

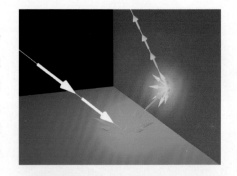

b. **Max 的基礎燈光**:光線照射到物體後,能量消失不會產生反彈,因此產生的效果很不真實,必須用其他的燈光去補足反彈的部分。

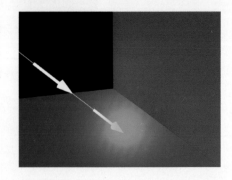

04 三種基礎燈光：打開 Create > Light 標籤面板，選
STEP 擇『Standard』燈光類型我們可以看到三種基礎燈
光。

a. **Omni**：泛光燈，點選『Omni』按
鈕，只要在場景中任意處點擊一
下就可以建立一盞 Omni 光源，此
類光源是朝四面八方發射光線的。

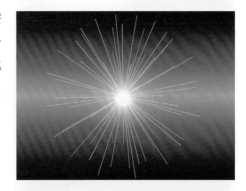

b. **Spot Light**：投射燈，以一個圓錐
狀的方向投射光線，在此圓錐體
內的物體才會被照明。與攝影機
一樣，分成 Target 與 Free 兩種方
式。

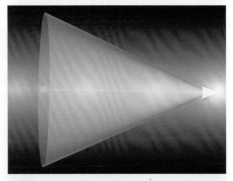

c. **Direct Light**：平行投射燈，在此
圓柱體內的物體才會被照明。與
攝影機一樣，同樣的分成 Target
與 Free 兩種方式。

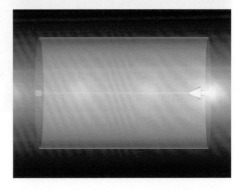

11-1-2 燈光的控制

01 打開「lighting.max」範例檔案。點選燈光標籤面板內的 Omni 按鈕，在
場景中點一下，就可以建立一盞 Omni 燈光。

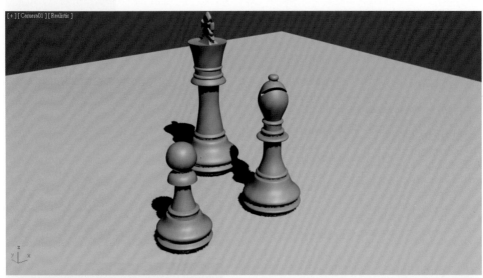

02 調整 Omni 的方式只要利用移動工具就可以了。

03 建立與調整 Spot 與 Direct 燈光的位置，方法與攝影機很像，就 Target Spot 來說，我們可以移動、旋轉 Spot Light 與 Target 的位置與角度，Spot Light 永遠會指向 Target。Free Spot 就更簡單了，直接移動、旋轉 Spot 的位置就可以照射不同的方向了。

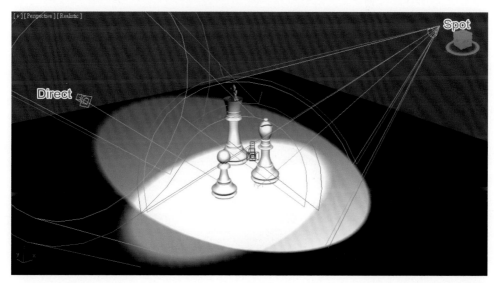

⋯∰∴ TIPS 小技巧

在這裡我們應該會遭遇一個問題:「我怎麼知道這盞燈光照射的範圍在哪裡呢?」「難道要我在各個視窗中觀察,去猜出燈光的照射範圍呢?」當然不需要,我們只要先選取一盞燈光(Omni 除外),

挑選一個較少使用的視窗,然後按下鍵盤上的「＄」,就是「Shift」+「4」,就可以讓該盞燈光擁有攝影機的功能,由此燈光來看目前的場景。

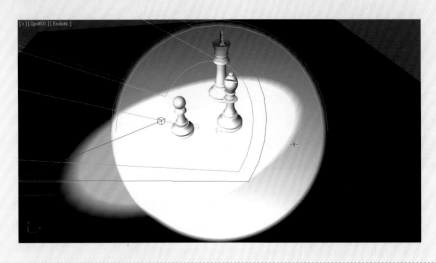

⋯⋯ SUGGESTION 重點提示

我們可以利用右下角的視埠控制面板來調整照射的方向與範圍。

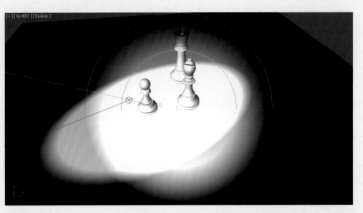

11-1-3 燈光的設定

燈光的設定：選取 Spot Light 的燈源，我們來調整 Modify 面板上的燈光設定。

01
STEP
光照強度：在 Intensity/Color/Attenuation 捲簾內找到 Multiplier 選項，預設值為 1.0。

◬ Multiplier = 0.5

◬ Multiplier = 1.0

◬ Multiplier = 2.0

02 光照顏色：點擊光照強度旁邊的白色矩形，可以讓我們設定光源的顏色。
STEP

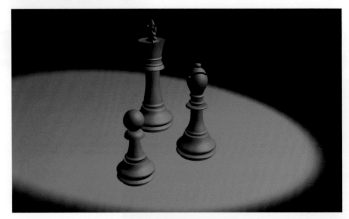

03 陰影設定：在目前的場景中看不出物體的遠近，這是因為欠缺陰影的關
STEP 係，我們勾選 General Parameters 捲簾內的 Shadows 項目裡的 On 選項，這
樣場景就擁有陰影效果，也就能夠清楚的表達出各模型間的遠近關係。

在以前的版本，我們必須經由彩現才能看到陰影的效果，萬一陰影的角度不滿意就必須不斷的調整燈光的角度，重複的對場景彩現才能看到陰影的效果，非常不方便。現在可以直接在視埠內觀察到陰影的變化，非常直覺且方便。

a. **陰影的類型與優缺點：**在 Max 裡提供了我們許多種陰影的類型，可以由選單來切換：

陰影類型	優點	缺點
Shadow Map （陰影貼圖）	◎ 能夠產生較為柔和的陰影 ◎ 是最快速的投射陰影方式	◎ 會佔用較多的記憶體資源 ◎ 對透明、半透明的物體無法投射出正確的半透明陰影

陰影類型	優點	缺點
Ray Traced Shadows （光跡追蹤）	◎能正確投射透明、半透明的物體陰影	◎無法投射出柔和的陰影 ◎計算的速度比 Shadow Map 慢
Area Map （面光源貼圖）	◎能正確投射透明、半透明的物體陰影 ◎佔用很低的記憶體資源 ◎適合在複雜的場景與燈光中使用	◎計算的速度比 Shadow Map 慢 ◎每個影格都需重新計算
Adv.Ray Traced （加強型光跡追蹤）	◎能正確投射透明、半透明的物體陰影 ◎佔用的記憶體資源比 RayTracedShadow 少 ◎適合在複雜的場景與燈光中使用	◎計算的速度比 Shadow Map 慢 ◎無法投射出柔和的陰影
Mental Ray Shadow Map（MR 陰影）	◎能正確投射透明、半透明的物體陰影 ◎陰影呈現更真實	◎需配合 MR 引擎運算 ◎計算的速度最慢

b. 請打開「shadow.max」場景檔案，原始的籬笆是一個 BOX，使用第八章所提到的 Opacity 貼圖製作出鏤空效果來。

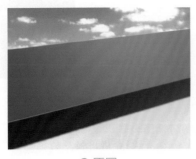

◎原圖

◎ Shadow Map

○ Ray Traced Shadows

○ Area Map

○ Adv.Ray Traced

○ Mental Ray Shadow Map

··╬·· TIPS 小技巧

當使用 Area Map 與 Adv.Ray Traced 陰影類型時，記得要勾選 Optimizations 捲簾內的 Transparent Shadows 的 On 選項，這樣燈光才能正確辨識 Opacity 的貼圖喔。

··╬·· TIPS 小技巧

3ds Max 提供一個很方便的場景光源管理工具「Light Lister」，可以由選單列上 Tools > Light Lister… 啟動，在 Light Lister 對話視窗裡可以調整場景內所有燈光的基本屬性。

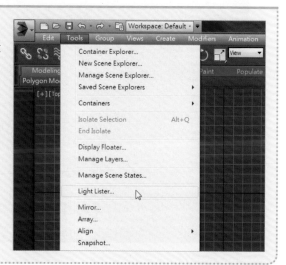

04 光線的衰減：打開「Falloff_Attenuation.max」範例檔案，試著對攝影
STEP 機視埠彩現，我們可以看到 Spot Light 在地板上投射出一個橢圓型的光
圈。明暗之間的轉換是非常劇烈的，所以產生了一個銳利的邊緣，除了
特殊的場景例如舞台劇的投射燈效果外，很少會有場景會這麼打光的。

a. **Falloff**（範圍衰減）：在 Max 裡，我們可以控制燈光投射的邊緣柔和的
程度，其柔和的程度取決於光線投射的內外兩個角錐的大小。

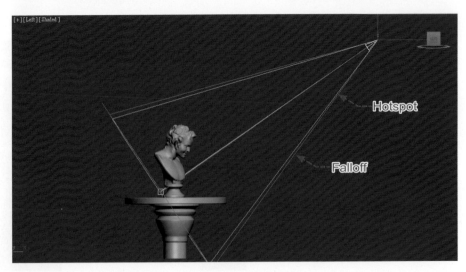

由橫剖面來看內圈的部分是屬於 Hotspot 區域，該區域的光照強度保持均勻且固定，等同於 Intensity/Color/Attenuation 捲簾內的 Multiplier 設定的強度。

內圈以外的部分光照強度則是向外慢慢遞減，直至最外圈為 0 為止，如右圖所示。

我們可以藉由控制內外圈間的距離來控制光照邊緣的銳利程度。在 Spotlight Parameters 捲簾內，我們可以調整 Hotspot/Beam 與 Falloff/Field 兩個區域的夾角，藉此來調整兩者間的距離。

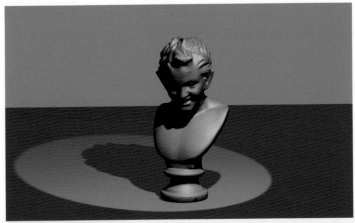

◐ Hotspot 與 Falloff
夾角接近產生銳利
的光照邊緣

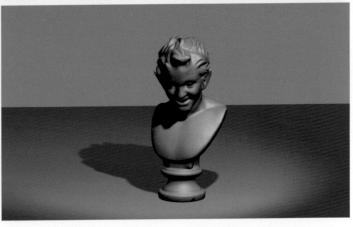

◑ Hotspot 與 Falloff
夾角較大產生柔和
的光照邊緣

TIPS 小技巧

另一種更直覺的調整方式，是按下「$」切換到燈光視埠，藉著右下角的視埠控制來調整兩者的大小關係。

b. **Attenuation（距離衰減）**：光照除了橫向的衰減外，也會依據距離的拉遠而衰減，在日常生活中的燈光通常是燈源處最亮，慢慢的向外遞減，但是在 Max 裡的燈光稍有不同，分成 Near 與 Far 兩區，兩區域各有 Start 與 End。

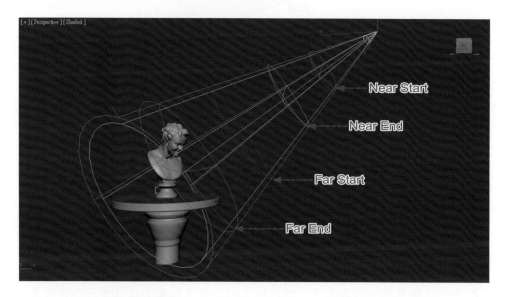

Max 裡的燈光距離衰減可以在 Intensity/Color/Attenuation 捲簾裡來設定。

TIPS 小技巧

Attenuation（距離衰減）可以控制光線從光源行進的距離。

各區域的光照強度如下圖。

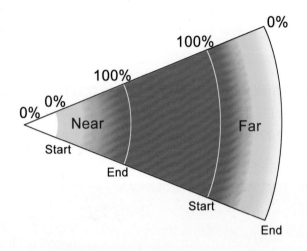

很特別的是在起點與 Near 區域之 Start 點之間是沒有亮度的，而在 Near 區域內光照由零慢慢遞增。

1. 當光線的入射角為 0 度時（光線垂直物體表面），物體表面將接受到最高的光源強度。

2. 物件遠離光源的表面越多，所能接受到的光線就越少且越暗，而彎曲表面上的法線相當於光線的入射角。

11-2 好萊塢三點照明

在本章節，您將學到下列內容：

✓ 好萊塢三點照明原理

✓ 三點照明的位置安排

✓ 三點照明的光照強度

11-2-1 好萊塢三點照明原理

01
STEP
好萊塢電影工業發展出一套簡易、有效率的照明原理，僅僅需要三盞燈光，就可以有效的照亮場景。不過在這裡要特別強調，這並不是定律只是個原理參考。請開啟「Hollywood.max」練習檔案。

02
STEP
三盞光源分別為：

a. **Key Light**（主光源）：添加場景所需的主要照明光源，通常比其他光源還要來得亮，而且在場景中投射出最深、最清晰的陰影。

b. **Fill Light**（輔助光）：補足因為主光而造成另一邊的黑暗部分，主要是模擬場景中次要光源的效果。

c. **Back Light**（背光）：通常位於物體的背面，用於勾勒出物體於黑暗處的邊緣。

◀ 僅有一盞 Key Light
造成的陰暗面

◐ 加上了 Fill Light 對
　陰暗面補光

◐ Back Light 背光在人像的邊
　緣產生勾勒效果

11-2-2 三點照明的位置安排

01 基本原則：

a. 由一個全黑的場景開始。

b. 各個光源分開單獨測試。

c. 避免使用環境光源。

d. 避免打出「平的光」，沒有立體感，通常是因為攝影機與主光夾角太小
　 所造成。

e. 要使場景照明效果變柔和，可設置「輔助光源」來調整。

02 位置關係：
STEP

a. **Key Light** 位置：通常位於主角的前上方，與攝影機水平夾角約 15 ～ 45 度，與攝影機垂直夾角約 15 ～ 45 度。

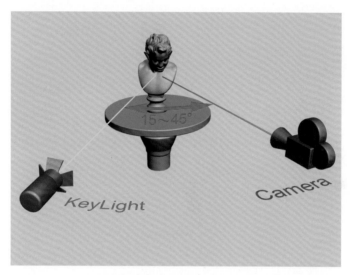

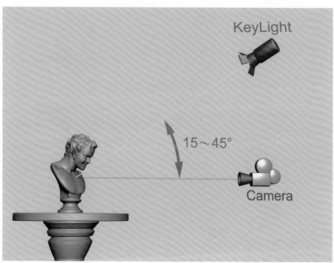

b. **Fill Light** 位置：如果 Key Light 在主角的前上方，Fill Light 應該位於
Key Light 的另一側，並且比 Key Light 低一些，與攝影機水平夾角約
15 ～ 60 度，與攝影機垂直夾角成 0 ～ 30 度夾角。

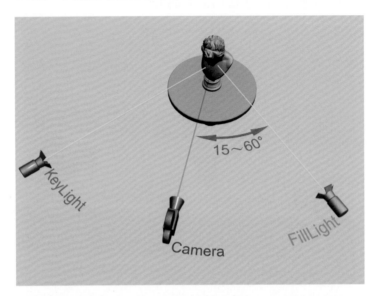

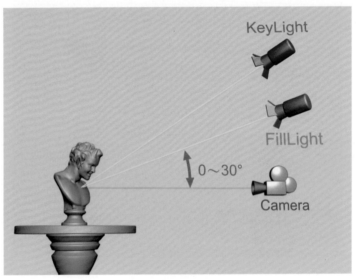

c. **Back Light** 位置：Back Light 放置於主角的背後，攝影機的對面，但是角度略偏不要呈 180 度。

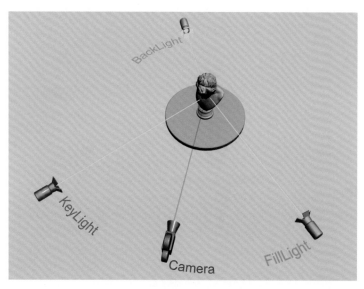

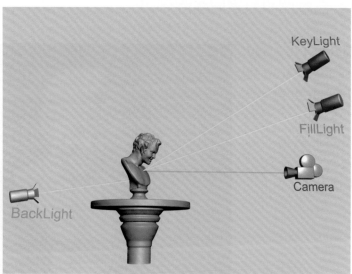

⊹ TIPS 小技巧

為了防止背光被其他物體擋住（例如：桌面），比較安全的作法是提高 Back Light 的高度。

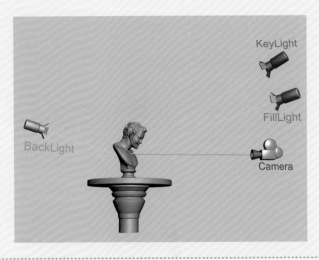

11-2-3 三點照明的光照強度

01 Key Light、Fill Light 與 Back Light 的光照強度比，可以從 3：2：1 開始測試，並不一定是這個數值，這只是做為一開始打光的參考值而已。

⚠ Key Light 過強

◁ Key Light 與 Fill Light 強度接
　近，造成模型欠缺立體感

▷ Back Light 過強，產生不一樣
　的場景效果

⚡ TIPS 小技巧

當 Key Light 無法滿足亮度的需求，不要一味提高 Fill Light 的強度，應該
回去調整 Key Light 的位置與亮度。

在使用多個 Fill Light 時，要控制它們的總亮度不要超過 Key Light 的亮
度。有時需要調高 Back Light 的強度，甚至大於 Key Light。

---

02 最後重申一點，好萊塢三點打光法，只是個參考並不是捷徑，更不是定
STEP 律。唯有經由不斷的調整燈光的強度、位置，不斷的對場景彩現來測
試，才能完成一個好作品！！

TIPS 小技巧

藉由觀察陰影的夾角，可以反推得知燈光的類型：

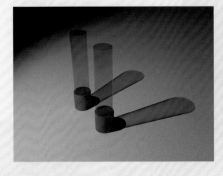

⬨ Spot Light

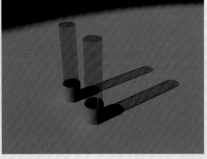

⬨ Direct Light

藉由陰影的外觀，可以反推得知陰影類型：

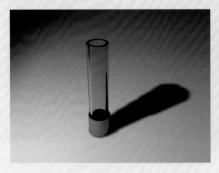

⬨ Shadow Map

⬨ Ray Traced Shadow

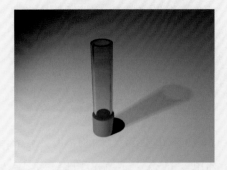

⬨ Area Shadow

CHAPTER
12

進階燈光（一）

12-1 Advance Lighting（一）: Light Tracer（光能追蹤）

課程概要

在本章節，您將學到下列內容：

✓ Light Tracer 照明原理

✓ Light Tracer 實作

✓ 在速度與品質間取得平衡

✓ 協助工具

✓ 熱輻射效應

12-1-1 Light Tracer 的照明原理

01 除了前兩個章節介紹的基礎燈光照明外，Max 還提供了 Advance Light（進階燈光）的照明方式，其中一種就是 Light Tracer（光能追蹤），Light Tracer 跟上一章提到的 Ray Tracer（光跡追蹤）有點相似，但結果完全不同。

02 我們先說明一下兩者的原理：

a. **Ray Tracer**：由攝影機視窗看過去的每一個像素就代表一條光線的路徑，由攝影機開始追蹤到物體上的某個像素點，再反向追蹤到光源，如果物體的材質擁有反射屬性，那這條光線會把周圍環境反射到物體表面上來，過程正好跟光源發射相反。

b. **Light Tracer**：照明方式與 Ray Tracer 有點類似，但是 Light Tracer 可以提供一般基礎燈光無法做到的光能「反彈」，也就是說，光線不再是打到物體上就停止了，它會從物體表面反彈出數條光線，這些光線會去「探索」周圍環境中的有色光線，再把這些光線的光量與顏色作平均處理，再將之「沾染」到它所碰到的物體，可以做到接近真實環境的光照效果，因為要計算的光線數量不再是單純的一條，處理上會耗用較多的時間。

03 通常 Light Tracer 用在室外空間的場景，可以得到相當不錯的效果。
STEP

12-1-2 Light Tracer 實作

01 請打開範例場景「Light Tracer.max」檔案。
STEP

目前場景內只有一盞 Direct Light 照亮場景，所以彩現速度非常快，但是彩現結果非常不理想。

TIPS 小技巧

我們不希望在操作過程中，材質的紋理影響到我們的判斷，所以我們要暫時關閉貼圖的效果；點擊 Main Toolbar 上的 圖 『Render Setup』按鈕，在 Render Setup 視窗內，切換到 Renderer 標籤頁面，關閉 Mapping 選項，此時彩現的結果是沒有貼圖的狀況。

02 我們要在目前場景中加上一盞特別的燈光,切換到燈光面板,選擇
STEP 「Skylight」,直接在場景中任意位置上點擊一下,就可以建立一盞半圓
形 Skylight。

💬 SUGGESTION 重點提示

Skylight(天光),是一種很特別的燈光,目的是要模擬真實環境中由四面
八方照射過來的漫射光線,可以營造出自然光照的效果。

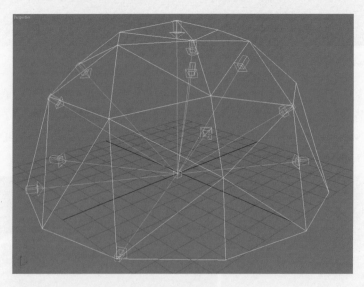

03 在彩現前，我們要打開 Rendering > Light Tracer…選項。

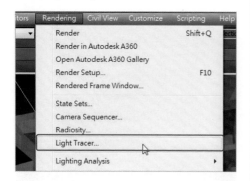

04 從 Select Advanced Lighting 捲簾內第一個下拉選單選擇「Light Tracer」，並確認右邊的 Active 已經被勾選。

05 彩現一下目前的場景，現在的彩現結果比剛剛好多了，但是彩現的速度明顯變慢。

06 雖然彩現效果明顯提升了，背光面不再是漆黑一片，但是這並不是真正的 Light Tracer 效果，因為目前光線沒有「反彈」的性質。

07 我們在 Parameters 捲簾內將 Bounces 由 0 改為 1，設定光線反彈一次。這樣底側的面也會被照亮，不會漆黑一片。

08 這次彩現的效果才真正有光的彈射效果，很不錯吧！ Bounces 設置越高，效果越好，但是速度一定是您無法忍受的。

12-1-3 在速度與品質間取得平衡

01 就如同上一節所提到的，Light
STEP
Tracer 的彩現成果非常不錯，但
是速度實在令人不敢恭維，我們
要試圖加快其彩現速度。

02 我們保持 Bounces 為 1，但是降低
STEP
Ray/Sample 的數量為 10，重新彩
現場景，這次彩現變快了，但是
場景出現大量髒髒的雜訊。

💬 SUGGESTION 重點提示

Ray / Sample 數值是控制光線打中物體時反彈出去「探索」周圍環境
的光線數量，降低其數值可以有效的加快彩現速度，但是會造成大量
的雜訊。

03 我們調整 Filter Size 的數值為
6，這可以在低的 Ray / Sample
設置下，稍微降低模型上的雜
訊的數量。

⫶⫶ TIPS 小技巧

Filter Size 不宜過大，通常設置 3～8，太大的值會造成畫面模糊。

04 接著我們提高 Ray/Sample 的
STEP 數值為 100，這次彩現耗時較
短，在可以接受的範圍內，如
此可以在速度與品質之間取得
平衡點。

05 目前場景彩現的結果太亮,我
STEP 們降低 Global Multiplier 數值為
0.55。

12-1-4 協助工具

01 如果一味的盲目去測試場景會浪費大量的時間，因此 Max 提供給我們
一個測試工具。

02 勾選 Adaptive Undersampling 裡的 Show Samples 選項，接著對場景彩現。

03 現在的場景模型表面會黏上許多的小紅點，紅點越密集表示該處取樣
密度越高，該處的畫質也會更好，相對的彩現耗時會越多；其密度由
Initial Sample Spacing 選項來控制，數值越小品質越高，在這裡我們選
用 4×4。

🔸 Initial Sample Spacing = 16×16

🔸 Initial Sample Spacing = 2×2

04 另外我們可以調降 Subdivision Contrast 的數值為 5.0，這可以降低陰影
的雜訊；降低 Subdivide Down To 的數值可以提高細分程度，以提升彩
現品質。

05 最後將 Bounces 調整為 2。並將 Renderer 標籤頁內的 Mapping 再次勾
選起來，做最後的彩現。

12-2 Advance Lighting（二）：Photometric Light（光度學燈光）

在本章節，您將學到下列內容：

✓ 何謂 Photometric

✓ Photometric 燈光建立

✓ Web 光域網

12-2-1 何謂 Photometric？

01 以往常常在室內設計的案子裡聽到設計師與客戶之間的對話：

設計師：「這是我用 3ds Max 為您設計的室內照明效果圖。」

客　戶：「嗯！我就是要這種燈光的感覺。」

設計師：「那我就開始挑選燈具施工了囉！」

客　戶：「OK！」

（施工完成後…）

客　戶：「怎麼跟當初的圖片不一樣。」

設計師：「當然不一樣，電腦圖片是概觀的模擬，當然跟現場不一樣！」

客　戶：「那給我看電腦模擬圖是看好玩的喔？」

02 現在使用 Photometric，用的是真實燈具的發光特性，現在的對話會變成這樣：

設計師：「這是我用 3ds Max 為您設計的室內照明效果圖。」

客　戶：「嗯！我就是要這種燈光的感覺。」

設計師：「那我就開始挑選燈具施工了囉！」

客　戶：「OK！」

（設計師照著 Max 內使用的燈具挑選相對應的燈具來施工…）

客　戶：「設計師您太神了！跟我之前看到電腦模擬圖片一模一樣耶！」

設計師：「當然囉！這是我的專業啊！！」

03 由以上的對話就可以明瞭 Photometric 光度學燈光系統，就是來達成真實燈具的模擬用的。

04 接著我們要來瞭解一下幾個專有名詞：

a. **色溫**：指的是光波在不同的能量下，人類眼睛所感受的顏色變化。就拿攝影來說，由於拍攝場景光線能量的不同，也會造成色彩的變化，色溫較低時，場景的色調偏向橙紅，色溫較高時，場景的色調偏藍。

b. **標準光**：標準光是國際照明協會（CIE）在 1964 年制訂了四種標準光—D65、D50、D55、D75，其中 D65 表示色溫值為 6504K 接近太陽的色溫，可以展現純白色調，避免色彩的偏差。

c. **凱氏溫度（Kelvin）**：是為了表達光在某個絕對溫度下所散發出來的顏色。在科學計量上凱氏利用了一個加溫黑體爐，當爐內加熱到多少度 K 時，會發出什麼顏色的色光，就把該顏色定義為色溫多少 K。例如加熱到 2800 度 K 的時候，黑體爐會發出近似 100 瓦燈泡發出的色光，因此就把 100 瓦燈泡的色光定義為 2800（K）（凱氏溫度的零度等於攝氏 -273.15 度），燈光的顏色由色溫來定義之。

d. **亮度**：可由流明（lumen）、燭光（candela）或勒克司（lux）三種不同的單位表示。

e. **照度**：光源在某個單位距離時，光的亮度的強度，所以就算是很強的光源，如果距離物體很遠，該物體受光的亮度也會變小，當距離變成兩倍時，照度會縮減成 1/4。這說明了照度和距離的平方是呈反比的，也就是說光永遠都遵守平方反比的物理衰減原理。

12-2-2 Photometric 燈光實作

01 建立 Photometric 燈光

a. 開啟「Photometric.max」範例檔案，此場景是依照實際的尺寸建立的，這對 Photometric 燈光來說很重要，因為這類型的燈光就是要在現場燈光配置之前，預先檢討燈光配置的合理性，也因此我們不為場景內的模型加上材質效果。

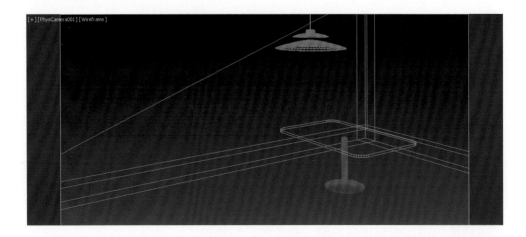

b. 在 Command Panel 視窗內按下『Lights』類型按鈕，並點擊『Free Light』按鈕，此時會跳出一個 Photometric Light Creation 視窗，提醒我們要調整 Exposure Control（曝光控制）設定。

c. 在 Top 視埠內燈罩的中心位置上點擊一下，產生一盞 Photometric 性質的「Free Light」。

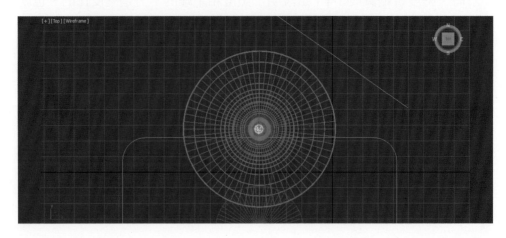

d. 在 Left 視埠內，使用移動工具垂直向上移動到燈罩下緣。

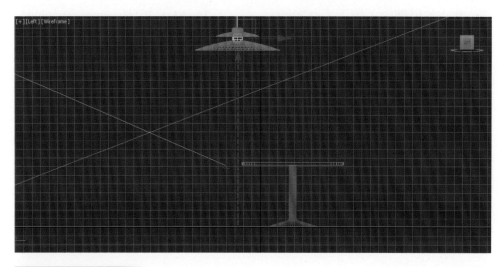

⊹ TIPS 小技巧

您也可以使用 Align 工具，將燈光快速對齊到燈罩中央，再稍微向下移動一下就可以了。

02 調整燈光參數
STEP

a. 點選剛剛產生的「PhotometricLight001」燈光，在 Modify 面板內調整燈光參數。

b. 勾選 Shadows 項目的 On 選項，啟用陰影效果，並設定陰影類型為「Ray Traced Shadows」。

c. 調整下方的 Light Distribution（Type）為「Photometric Web」。

d. 在 Distribution（Photometric Web）捲簾內，按下『<Choose Photometric File>』按鈕。

e. 選取 C:\Program Files\Autodesk\ 3ds Max 2016\sceneassets\photo- metric 路徑下的 Point_street.ies 檔案。

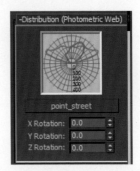

💬 SUGGESTION 重點提示

IES 檔案是記錄剛燈源的光源分布於三度空間中的表現方法，目前各大燈具廠商都會釋出該廠生產的燈源的 IES 檔於官網上，方便設計師下載使用、測試。

---

f. 按下鍵盤上的『8』按鍵，開啟「Environment and Effects」視窗。

g. 切換 Exposure Control 捲簾內的曝光類型為「mr Photographic Exposure Control」。

h. 調整 mr Photographic Exposure Control 捲簾內的 Preset 為「Physically Based Lighting, Indoor Nighttime」。

i. 先確認目前操作視埠為攝影機視景，按下視窗內的『Render Preview』按鈕，進行曝光控制的檢視。您可以自行調整 EV 數值，找出您覺得適合的曝光值。

03 照度測量

a. Photometric 最重要的功能就是在模擬真實的燈光照明，所以必須要能將燈光照度量化，以下這個工具在 2016 以前的版本，是放在 Design 版本的 3ds Max 內，如今 3ds Max 與 3ds Max Design 合併為一個版本了，3ds Max 的功能再也沒有遺珠之憾了。

b. 按下 Create > Helpers > LightMeter 按鈕，並勾選「AutoGird」選項。

c. 在地板上拖曳出一個網格面。

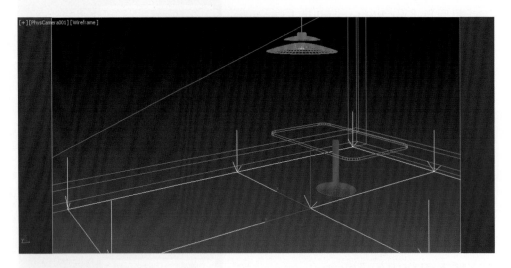

d. 將網格的密度調高一些。

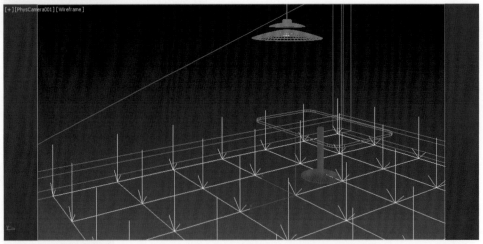

e. 使用移動工具，將 Light Meter 網格面沿著 Z 軸稍微往上移動一點點距離，使之離開地板，以免被地板擋住而測不到照度。

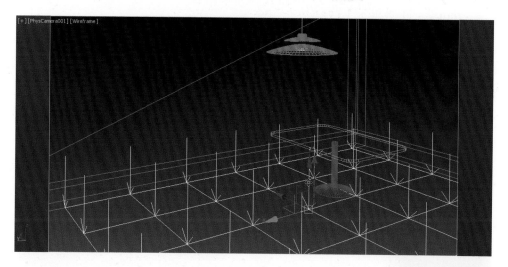

f. 保持 Light Meter 在選取狀態下，於 Modify 面板上按下『Calculate All Light Meters』按鈕。

g. 經過幾秒鐘的計算，Light Meter 上面就會顯示出照度數值。

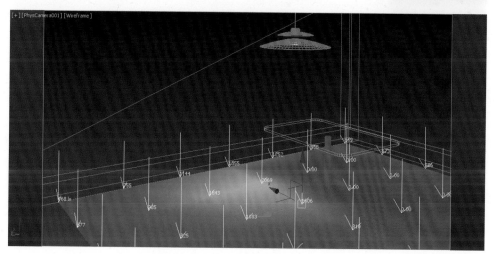

h. 這樣就可以知道這盞燈光將來在空間中的照度狀況，根據 CNS 規定，禮堂、會客室、大廳、餐廳、廚房、娛樂室、休息室照度需要達到 300Lx，此燈光下方已經符合規範。

i. 您也可以在餐桌上放置 Light Meter，來檢視桌面的照度。

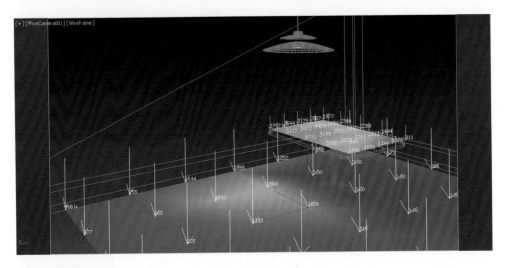

j. 您也可以用此檢討桌子、燈具的擺設，是否符合規範。

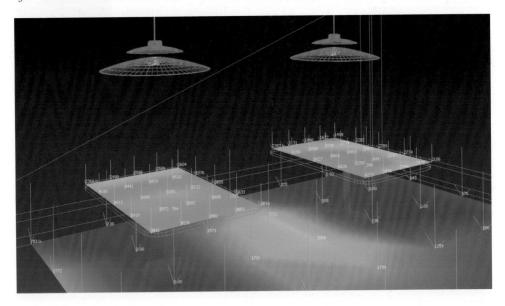

k. 此場景彩現結果如下圖。

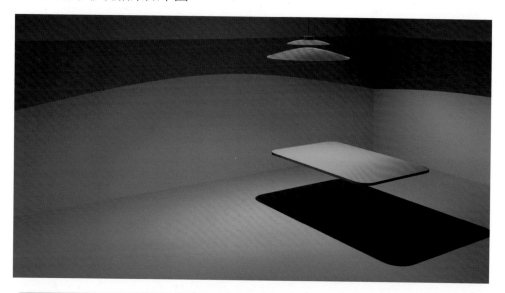

照度 Lx	場 所		
2000			
1500			
1000	辦公室（精細工作），營業所，設計室，製圖室，正門大廳（日間）		
750			
500	—		
300	禮堂，會客室，大廳，餐廳，廚房，娛樂室，休息室，警衛室，電梯走道	辦公室（一般），主管室，會議室，印刷室，總機室，電子計算機室，控制室，診療室 ○電器機械室等支配電盤及繼器盤 ○服務臺	
200		—	
150	—	書庫，會客室，電氣室，教室，機械室，電梯，雜務室	盥洗室，茶水間，浴室，走廊，樓梯，廁所
100	飲茶室，休息室，值夜室，更衣室，倉庫，入口（靠車處）	—	
75			
50	安全梯		
30			

🔺 CNS 標準

在 Max 裡提供了以下的燈具供我們選擇：

D50Illuminant（ReferenceWhite）	D50 標準照明體
D65Illuminant（ReferenceWhite）	D65 標準照明體
Fluorescent（CoolWhite）	螢光燈（冷白日光）
Fluorescent（Daylight）	螢光燈（標準日光）
Fluorescent（LiteWhite）	螢光燈（淡白光）
Fluorescent（WarmWhite）	螢光燈（高效能日光）
Fluorescent（White）	螢光燈（白光）
Halogen	鹵素燈
Halogen（Cool）	鹵素燈（冷光）
Halogen（Warm）	鹵素燈（暖光）
HIDCeramicMetalHalide（Cool）	陶金屬鹵化燈（冷光）
HIDCeramicMetalHalide（Warm）	陶金屬鹵化燈（暖光）
HID High Pressure Sodium	高壓鈉燈
HIDLowPressureSodium	低壓鈉燈
HIDMercury	水銀燈
HIDPhosphorMercury	磷光水銀燈
HIDQuartzMetalHalide	石英金屬鹵化素燈
HIDQuartzMetalHalide（Cool）	石英金屬鹵化燈（冷光）
HIDQuartzMetalHalide（Warm）	石英金屬鹵化燈（暖光）
HIDXenon	氙氣燈
IncandescentFilamentlamp	白熾燈泡

13 進階燈光（二）

13-1　Day Light 與 Sky Portal

13-2　Caustics 效果

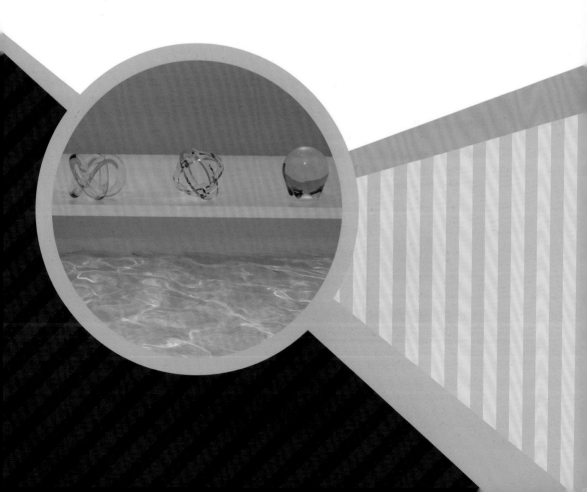

13-1 Day Light 與 Sky Portal

在本章節，您將學到下列內容：

✓ Daylight

✓ Sky Portal 與 mr Photographic Exposure Controls

✓ Final Gather

13-1-1 加入日照系統—Daylight

01 打開「Day Light & Sky Portal.max」場景，在這個場景中我們的材質設置很單純，幾乎沒有複雜紋路的貼圖，這是為了要能夠清楚的觀察到光影的變化。

02 我們試著對場景彩現，目前的場景因為沒有燈光，所以效果非常的平淡。

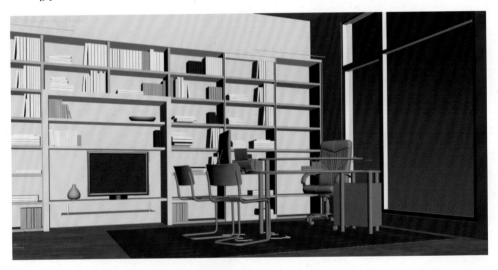

03 由 Command Panel 中點按下 Create 標籤頁面上 System 按鈕選項，點擊
STEP 『Daylight』按鈕。

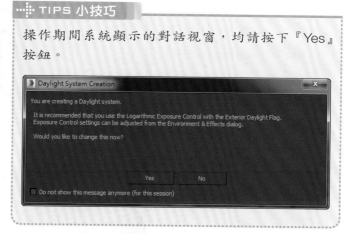

04 按下按鍵『8』，開啟「Environment
STEP and Effects」視窗，點擊 Environment
Map 項目下的『None』按鈕。

05 由開啟的
「Material/Map Browser」
視窗內，點擊 Option
按鈕，由選單中勾選
「Show Incompatible」
選項。

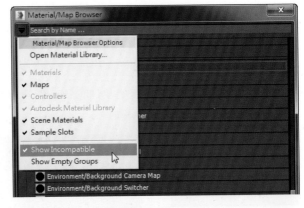

06 點選 metal ray 捲簾內
的「mr Physical Sky」
貼圖，並按下『OK』
按鈕。

07 並 將「Environment and Effects」視窗內的 Exposure Control 設定為「mr Photographic Exposure Control」。

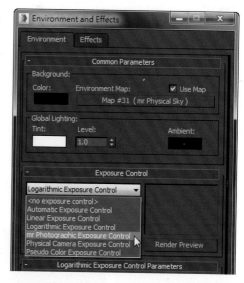

08 在場景中點擊一下，並且隨意拖曳滑鼠游標以產生一個名為 Daylight 001 的圖示，其上有一個燈光圖像。

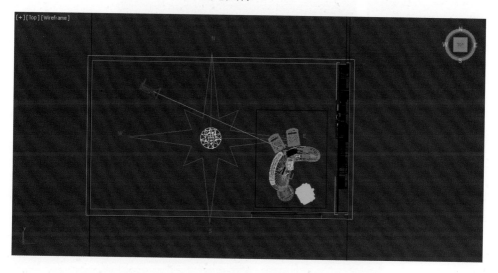

09 設定日光的日期為 2015 年 12 月 3 日,時間為 15:00。

10 按下『Get Location…』按鈕來設定場景的地理位置。

11 點擊 Map 捲簾,選取「Asia」亞洲地圖,再由左側的清單內,點選「Taipei, Taiwan」。

12 切換到 Modify 標籤面板，設定 Sunlight 與 Skylight 為 mr Sun 與 mr Sky。
STEP

SUGGESTION 重點提示

a. mr Sun（太陽光）：指的是模擬太陽光的直接照明效果，不包含 mr Sky 的散射效果。

b. mr Sky（天光）：指的是太陽光加上間接照明效果，這是太陽光進入大氣層之後光線的散射效果。

13 在 Render Setup 視窗內指定彩現引擎為「NVIDIA mental ray」。
STEP

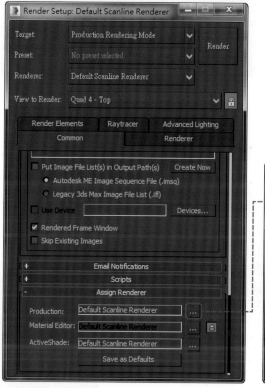

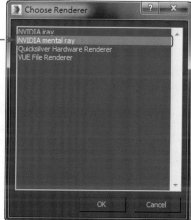

14 對場景彩現後，我們發現場景太暗了，這是因為我們沒有設置足夠的光
子數量（Photons）給這個場景。

13-1-2 使用 Sky Portal 與 mr Photographic Exposure Control

01 接著我們要使用「Sky Portal」來將場景中散射的天光聚集起來照亮室
內場景。

02 加入 Sky Portal：

a. 切換到燈光標籤面板，由燈光類型的下拉選單中
選取「Photometric」光度學燈光類型。

b. 點選「mr Sky Portal」。

c. 切換到 Front 視埠並且放大落地窗的區域，在落地窗的位置上拖曳出一個矩形範圍。

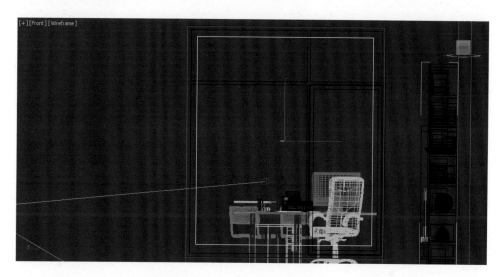

d. 切換到 Modify 標籤面板，在 Dimensions 欄位中，將大小調整到略大於落地窗的大小。

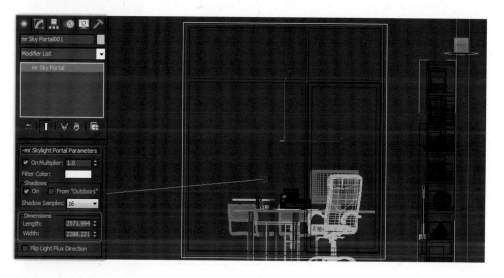

e. 切換到上視埠，移動 Sky Portal 的位置使之貼近落地窗。

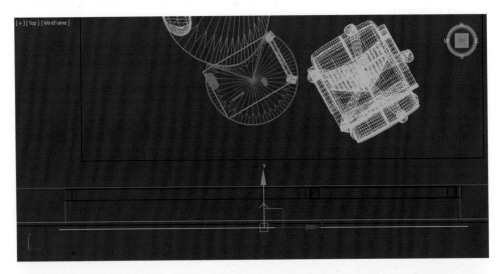

```
[+][Top][Wireframe]
```

💬 SUGGESTION 重點提示

如果您建立的 Sky Portal 箭頭是朝著戶外，請按一下 Modify 面板內的「Flip Light Flux Direction」選項，箭頭朝向室內 Sky Portal 才會有效果。

f. 將此 Sky Portal 的陰影取樣值由 16 提高到 32，這樣可以提高陰影的品質，當然會犧牲一些速度。

⬥ ShadowSamples：16

⬥ ShadowSamples：32

💬 SUGGESTION 重點提示

使用 Sky Portal 較之 Global Illumination 更能節省大量的彩現時間，是一個不錯的 GI 替代方案！

3ds Max 2016
動畫設計啟示錄

03 Exposure Control（曝光控制）

a. 打開 Exposure Control 面板：
　　Rendering > Exposure Control… 。

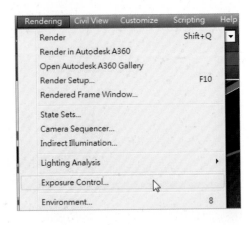

b. 設定為「mr Photographic
　　Exposure Control」。

c. 調整底下的 Preset 內容為
　　「Physically Based Lighting,
　　Indoor Daylight」。

d. 我們要自己來調整曝光值（EV），切換到 ExposureValue 選項，就可以手動調整其數值了。

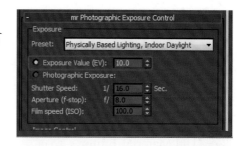

e. 按下『Render Preview』按鈕，我們可以試試看各種 EV 值的效果。

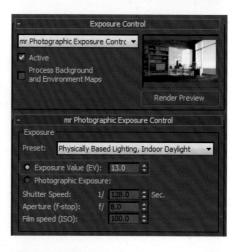

f. 我們設定 EV 為 13.0，這個數值不會使書櫃的玻璃產生太強的反光。

g. 新型態的 Exposure Control，效果非常不錯。

13-1-3 設定 Arch & Design Material

01 現在書櫃的玻璃部分折射與反射都不是很理想,底下我們要將這個玻璃
STEP 的材質,轉換為 Metal Ray 類型的材質,使之與 Metal Ray 彩現引擎完
美的搭配。

02 打開 Material Editor,點選第一個材質球,將目前的「Raytrace」材質
STEP 類型轉換為「Arch&Design」材質類型。

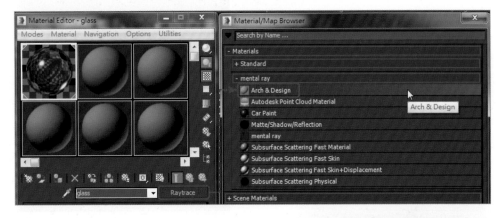

03 設定材質範本為「Glass (Thin Geometry)」。
STEP

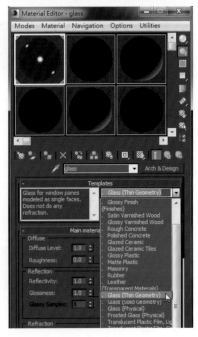

04 設置其材質參數如下圖：

13-1-4 使用 Final Gather

01 目前的光影效果還不是很理想，我們打開 Render Setup，切換到 Final
STEP Gather 標籤頁，勾選「Enable Final Gather」選項，拉動 FG Precision
Presets 拉桿，設定為 High，再微調其參數以符合我們需求，內容如圖。

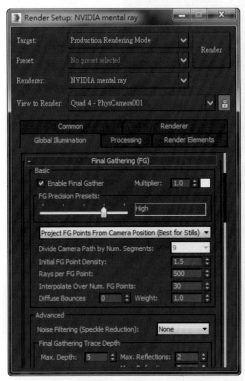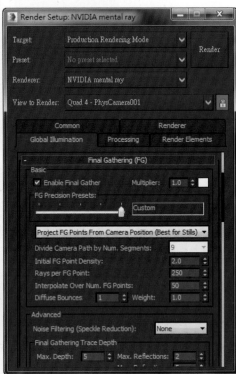

┈┤TIPS 小技巧

您可以在以下兩處找到「FG Precision Presets」之設定拉桿：

- Render Setup > Indirect Illumination 標籤面板
- Rendered Frame Windows 視窗

調整此一設定值並不會影響漫射光反彈的效果。

02 按下 Main Toolbar 上的 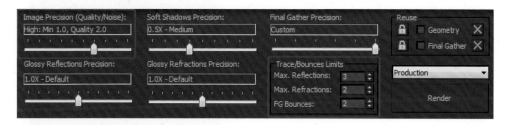 『Renderer Frame Window』按鈕，調整視窗
下方的微調參數，請參考下圖所示。

- Image Precision (Quality/Noise)：High
- Max. Reflections：3
- Max. Refractions：2
- FG Bounces：2

03 彩現需要很長的一段時間，不過這是值得的，因為我們從成果圖上可以
發現陽光對室內產生了非常棒的效果。當然使用的電腦越快彩現所需的
時間就越短。

SUGGESTION 重點提示

當使用 metal Ray 彩現引擎來彩現場景，您可以在「Environment and Effects」視窗內選用「mr Photographic Exposure Control」曝光類型來控制場景的曝光，此時在「mr Photographic Exposure Control」捲簾內的 Image Control 類別內，調高『Vignetting』選項的數值，將可產生類似傳統相機拍攝時相片四個角落呈現較暗的邊角失光（暗角）效果。

下圖為使用 Vignetting=15 時彩現的結果，您可以將之與上一頁彩現結果作比較。

13-2　Caustics 效果

在本章節，您將學到下列內容：

✓ 物件發射、接收 Caustics（焦散）設定

✓ 產生焦散的燈光設定

✓ 焦散效果彩現設定

13-2-1 物件的發射、接受 Caustics（焦散）設定

01
STEP
所謂的 Caustics（焦散）效果就是：光線經由折射率低的介質穿透進入折射率高的透明介質，經過反射、折射後，再回到原介質內投影在另一個物件上的光斑效果。

02
STEP
開啟「Caustic.max」範例檔案，此場景內有一個裝了水的浴缸，池邊平台上放置了三個透明的藝術品。

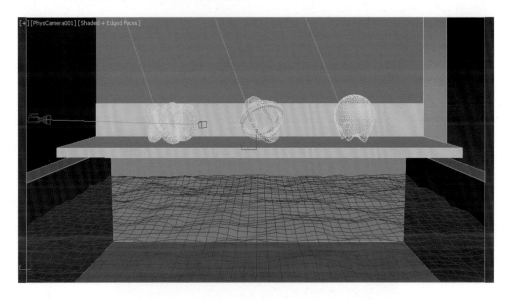

03 選取三個藝術品（Art-01、Art-02、Art-03）與水面（Water）等物件。
在視埠內點擊滑鼠右鍵，選取「Object Properties…」選項。

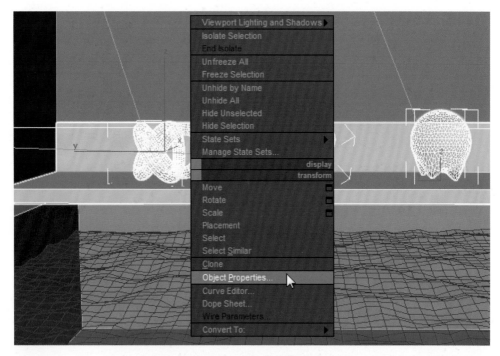

04 切換到 mental ray 標籤頁面，勾選 Caustics and Global Illumination(GI)
項目內的「Generate Caustics」與「Receive Caustics」選項。

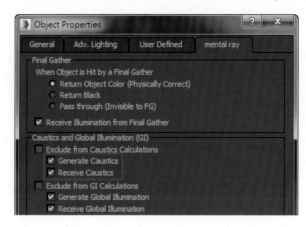

勾選 Generate Caustics，表示該物件會發射焦散效果。勾選 Receive Caustics，表示該物件會接受其他物件投射過來的焦散效果，在此物件上成像。

05 選取「Plane」與「Bathtub」物件，並做類似的設定，不過在此僅需勾選「Receive Caustics」選項，因為平台與浴缸僅需接受焦散效果，並不需要發射焦散效果。

13-2-2 焦散效果的燈光設定

01 選取「redTPhotometricLight」燈光，在 Command Panel 內展開「mental ray Indirect Illumination」捲簾，勾選「Automatically Calculate Energy and Photons」選項。

02 調整 Global Multipliers 類別內的參數如右圖，此步驟是要讓燈光投射出更多更強的「光子」，來產生較明顯的焦散效果。

03 yellowTPhotometricLight 與 blueTPhotometricLight 兩盞投射燈也做相同
STEP 的設定。

╌┅╫╌ **TIPS 小技巧**

焦散效果必須在攝影機視埠內才能彩現得出來。

13-2-3 焦散效果的彩現設定

01 點擊 Main Toolbar 主工具列上的 📷 『Render Setup』按鈕。
STEP

02 在 Render Setup 視窗內切換到「Global Illumination」頁面。
STEP

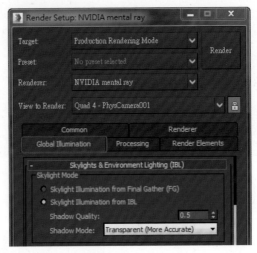

03 於 Skylights & Environment Lighting (IBL) 捲簾內，勾選 Skylight Illumination
STEP from Final Gather (FG)，改用 Final Gather 來聚集產生 Skylight 照明效果。

04 在 Final Gathering (FG) 捲簾內，勾選「Enable Final Gather」項目並調整 Diffuse Bounces 數量為 1，這樣上一個步驟才會真正被啟動，並且表面的光線打到物體表面，會做一次的反彈。

05 在 Caustics & Photon Mapping(GI) 捲簾內，勾選 Enable 項目，並調整 Maximum Num. Photons Per Sample 為 10，Maximum Sampling Radius 為不啟用。

SUGGESTION 重點提示

- Maximum Num. Photons Per Sample：大小將決定取樣時光子的數量上限。

- Maximum Sampling Radius：決定取樣時光子的半徑最大容許值，此時不啟用表示不限制。

06 下方的 Photon Mapping(GI) 也將之啟用。

07 點擊 Main Toolbar 主工具列上的 📷 『Render Frame Window』按鈕。

08 參數設定調整如下圖。

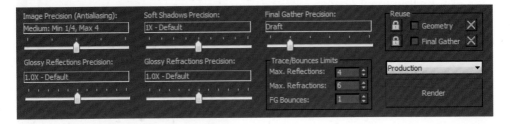

13-2-4 增加空間的亮度

01 在此，我們將使用增加其他燈光的光子數量，來加亮空間的亮度。

02 選取「TopPhotometricLight002」燈光，在 Command Panel 內展開「mental ray Indirect Illumination」捲簾，勾選「Automatically Calculate Energy and Photons」選項，並調整如右圖參數。

03 彩現場景，就可以得到水面也有焦散效果的成品。

04 STEP 如果您想近距離檢視藝術品，可以按下鍵盤上的『C』按鍵，在攝影機選擇視窗內，點選「PhysCamera002」攝影機，切換到該攝影機視景，經過彩現後來檢視焦散效果。

MEMO

CHAPTER

14 基礎動畫

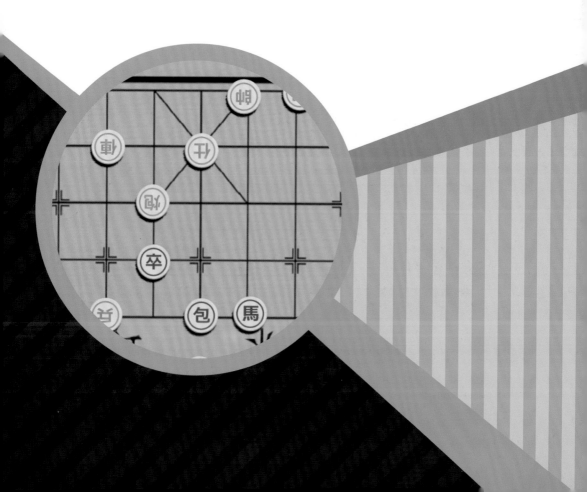

14-1 動畫簡介 課程概要

在本章節,您將學到下列內容:

✓ 何謂動畫

✓ 動畫製作的方式

✓ 影格速率(f.p.s)

14-1-1 何謂動畫?

01 「動畫」一直是個很吸引人的名詞,不少讀者會接觸 3ds Max 就是因為 **STEP** 想要學習怎麼製作動畫。那麼什麼是「動畫」呢?簡單的說就是「將一序列的圖片快速的播放,讓人產生連續動作的錯覺」。

02 不瞞您說,當我還是小學生的時候,就曾經製作過動畫了,我常常在我 **STEP** 的國語、數學課本的每一頁右下角,用我的鉛筆一頁頁畫上圖案。

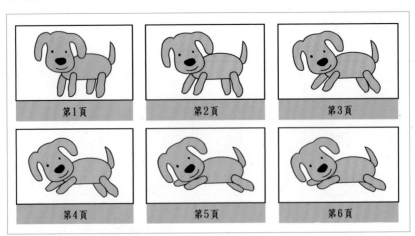

| 第1頁 | 第2頁 | 第3頁 |
| 第4頁 | 第5頁 | 第6頁 |

03 接著我將課本稍微彎曲起來,用大拇指扣住課本的側面,然後「啪~」 **STEP** 的一聲,讓課本的右下角頁面快速的從我的大拇指下彈出,我的動畫就製作完成了!

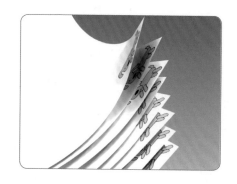

04
STEP
別懷疑，這就是動畫，很簡單吧！相信有不少人也製作過這樣的動畫，您也是動畫師喔！

14-1-2 動畫製作的方式

01
STEP
逐格動畫

a. 上一個小節介紹的是傳統動畫製作的方法，叫做「逐格動畫」。一張一張的把動畫畫出來，然後快速的播放出來。

b. 那為何叫做「格」？因為電影拍攝裡拍下的圖片是印在類似傳統相機的底片的膠卷上，呈現的外觀就像是一格一格的畫面，稱之為「Frame」，有人翻譯為「影格」或「格」。

c. 逐格動畫的好處是製作直覺，反正需要幾格就畫幾格。但缺點是需要耗用大量的時間來繪製，並且修改困難，需要修改時往往需要重新繪製。

02
STEP
補間動畫

a. 在早期的迪士尼動畫公司發展出一套製作動畫的流程，先由資深的動畫師畫出某一段動畫的幾個重要畫面，再由一群經驗較少的動畫師來畫出介於兩個已經畫好的重要畫面間所有需要的畫面。

b. 電腦的出現使得此種動畫製作方式自動化了，首先我們扮演資深動畫師的角色，製作出某段動畫的第一格與最後一格的圖片內容，此兩格很重要，攸關我們動畫成敗的關鍵，所以我們稱之為「Keyframe」（關鍵影格）。

c. 接著我們就告訴電腦這整段動畫共需要幾格，假設為 10 格好了，電腦就會扮演經驗較少的動畫師的角色，比較這兩個 Keyframe 內容的差異性，並且把差異性平均分攤為 8 格，然後幫我們把中間缺的 8 格畫出來。這種填「補」「間」隔的方式就叫做「補間動畫」。

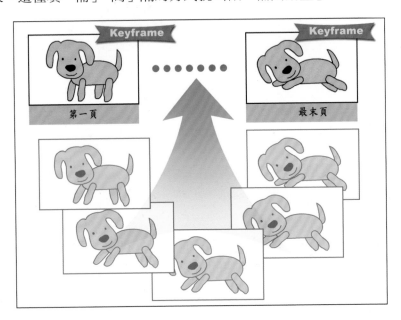

d. 補間動畫的好處就是我們只要繪製幾個 Keyframe，電腦就會自動幫我們填補其中所需要的畫面。在修改上更是方便，假設我們改變心意了，動畫總長度要改為 20 格，只要告訴電腦一聲，電腦就會重新計算將其間的 18 格自動繪製出來。

e. 但是補間動畫也有其缺點，就是人物動作比較不自然，比不上真正的卡通動畫師手繪出來的自然生動。宮崎駿的動畫電影「移動的城堡」就有一部份以補間動畫製作後，宮崎駿認為表現不出他要的感覺，後來改成一格一格來繪製。

💬 SUGGESTION 重點提示

要完成一段動畫必須要有兩個要素：

a. 至少要有兩個 Keyframe。

b. 兩個 Keyframe 之間一定要有差異性。

14-1-3 影格速率（f.p.s）

01 那麼到底我們要製作 10 秒鐘的短片，該畫幾張才夠呢？不一定，要看將來要播放的系統。

02 在台灣電視台使用的系統為 NTSC，每秒鐘需要 30 frames，因此其影格速率（f.p.s）為 30 frames/sec。不同的國家地區有不同的系統規格，我們在輸出的章節會再詳細介紹。

03 因此 10 秒鐘的短片我們就必須要準備 30（frames/sec）*10（sec）＝ 300（frames）才夠用。

14-2 基礎動畫製作

課 程 概 要

在本章節，您將學到下列內容：

✓ 動畫相關面板

✓ 以 Auto Key 設置動畫

✓ 以 Set Key 設置動畫

✓ Key 的調整

14-2-1 動畫相關面板

01 開啟「Chinese Chess.max」範例檔案。

02 首先我們必須先瞭解設置動畫會使用的操作面板。

a. Time Slider：時間滑桿

b. Time Line：時間軸

c. Key Setting：動畫設置面板

d. 動畫播放面板

14-2-2 使用 Auto Key 設定動畫

01 製作「馬」向右前方移動動畫。

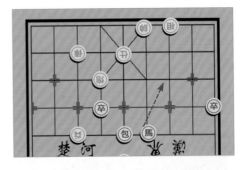

a. 點選「馬」棋子，並按下 按鈕。

b. 按下動畫設置面板上的『Auto Key』按鈕，使之呈現紅色。

c. 將時間滑桿拖曳到第 15 格處。

d. 將「馬」棋子移動到目標位置上。

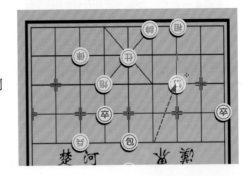

e. 再次點擊『Auto Key』按鈕來關閉錄製動畫功能。

02 按下動畫播放面板的『Play』按鈕，來播放此一段移動動畫。

14-2-3 編輯關鍵影格

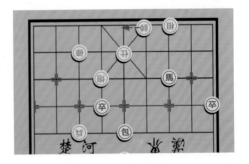

01 下一步，「馬」棋子就要吃掉「帥」棋子了，所以接下來要設置「帥」棋子向左閃躲的移動動畫。

02 設置「帥」棋子向左移動的動畫。
STEP

a. 點選「帥」棋子,並按下 移動工具。

b. 按下動畫設置面板上的『Auto Key』按鈕,開啟自動錄製動畫的功能。

c. 將時間滑桿拖曳到第10格處。

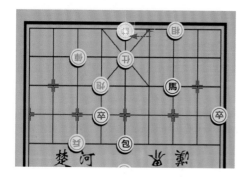

d. 將「帥」棋子向右移動一格。

e. 再次點擊『Auto Key』按鈕來關閉錄製動畫功能。

f. 按下動畫播放面板的『Play』按鈕,來播放此一段移動動畫,您會發現「馬」、「帥」兩個棋子是一起移動的,這並不合乎常理,以下將會來修正此一狀況,讓「馬」棋子移動完,「帥」棋子再進行移動。

03 編輯「帥」棋子的關鍵影格。
STEP

a. 因為「馬」棋子要到第15格才移動到足以威脅到「帥」棋子的位置,所以「帥」棋子必須於第15格之後才可移動。

b. 點選「帥」棋子，框選時間軸上的兩個關鍵影格，當選取了關鍵影格，
關鍵影格的顏色會由紅色變為白色。

c. 將滑鼠移動到第 0 格關鍵影格上，按住滑鼠左鍵將之拖曳到第 25 格處。

d. 按下動畫播放面板的『Play』按鈕，來播放此一段移動動畫，現在播放
的順序就正確了。

14-2-4 使用 Set Key 設定動畫

01 這個一來，「帥」棋子落入了圈套中了，「包」棋子將飛越「仕」棋子將
「帥」棋子吃掉。

02 這次我們改用另一種方式來產生關鍵影格：「Set Key」。

a. 點選「包」棋子，並且按下 ✛ 移動按鈕。

b. 點擊動畫設置面板上的『Key Filters…』按
鈕，關掉 Position 以外的選項，表示僅記
錄位置變動的動畫。

c. 按下『Set Key』按鈕，使之呈現紅色。

d. 拖曳時間滑桿到第 50 格處。

e. 按下『Set Keys』（大型正方形鑰匙）按鈕，產生關鍵影格。

f. 拖曳時間滑桿到第 70 格處。

g. 將「包」棋子移動到「帥」棋子位置上。

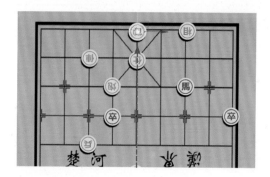

h. 再次按下『Set Keys』（大型正方形鑰匙）按鈕，產生另一個關鍵影格。

14-2-5 增加關鍵影格

01 調整出跳躍過「仕」棋子的動畫。
STEP

a. 保持「包」棋子在選取狀態下。

b. 按下『Auto Key』動畫錄製按鈕。

c. 按下 Alt+W 組合按鍵，切換到四分割的視埠配置。

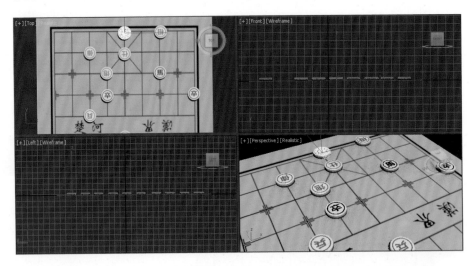

d. 切換右邊 Command Panel 面板上的標籤為「Display」，勾選 Display Properties 捲簾內的 Trajectory 選項，以顯示紅色的軌跡線。

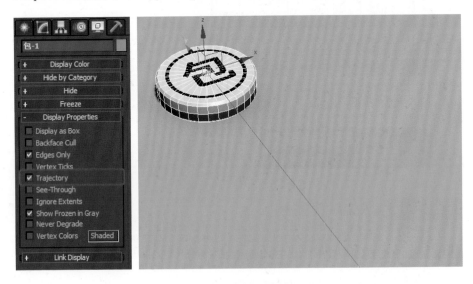

e. 在左下方 Left 視埠內點擊滑鼠右鍵進行切換。

f. 將時間滑桿拖曳到第 60 格處。

g. 在 Left 視埠內將「包」棋子沿著 Y 軸向上移動，使之越過底下的棋子，此時將自動在第 60 格處產生一個關鍵影格。

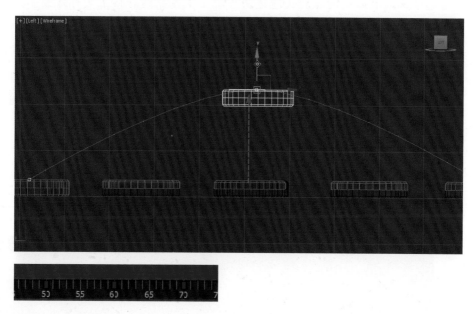

02 「包」棋子停留在「帥」棋子上一下，再往下落。
STEP

a. 放大「包」棋子的落點處，並將時間
滑桿移動到第 70 格處。

b. 將棋子沿著 Y 軸向上移動到下方棋子的上緣。

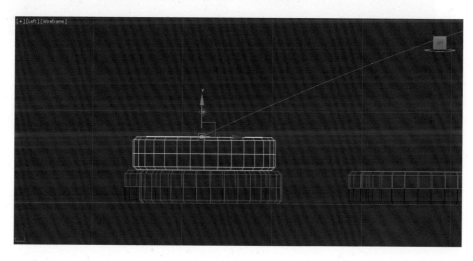

💬 SUGGESTION **重點提示**

這是修正關鍵影格內容的快速方法，就是「在關鍵影格上，再錄製一次動畫」。

c. 物件保持不動的方法，就是前後兩個關鍵影格一模一樣，所以我們點選第 70 格處的關鍵影格，按住 Shift 按鍵，拖曳複製到第 80 格處，此時70~80 格處，棋子保持不動。

d. 拖曳時間滑桿到第 90 格處，再將「包」棋子往下移動到棋盤面上。

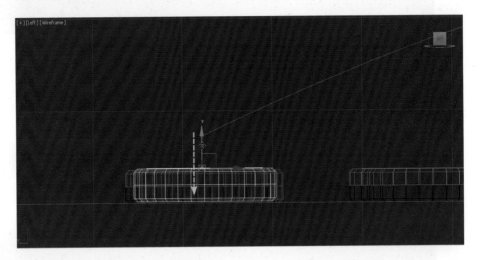

14-2-6 物件消失的動畫

01 在「包」棋子取代「帥」棋子之前，必須要消失，亦即「帥」棋子消失
STEP 必須在第 80 ～ 90 格之間完成。

02 消失動畫前作業
STEP

a. 切換回 Top 視埠內，將時間滑桿移動到第 80 格之前，以方便點選「帥」棋子。

b. 點選「帥」棋子，並保持其在選取狀態下。

c. 拖曳時間滑桿到第 80 格處。

03 消失動畫設定
STEP

a. 點擊時間軸中央下方的鎖頭按鈕，將目前選取的物件鎖護起來，以免誤選其他物件。

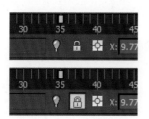

b. 點擊動畫設置面板上的『Key Filters…』按鈕，勾選 Other 選項，其他選項則關閉。

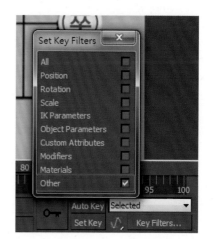

c. 按下『Set Key』按鈕，使之呈現紅色。

d. 按下『Set Keys』（大型正方形鑰匙）按鈕，產生一個關鍵影格。

e. 拖曳時間滑桿到第 90 格處。

f. 在視埠內「帥」棋子的位置上點擊滑鼠右鍵，在清單中選取 Object Properties⋯選項。

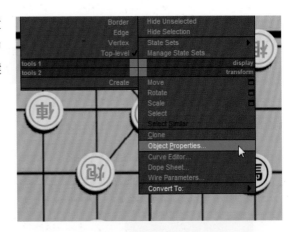

g. 將 Rendering Control 欄位內的 Visibility 數值改為 0。

h. 按下『OK』按鈕關閉此一視窗。

💬 SUGGESTION 重點提示

Visibility 數值＝ 0 表示物件消失；＞＝ 1，表示物件顯示。

i. 再次按下『Set Keys』（大型正方形鑰匙）按鈕，產生一個關鍵影格。

j. 再次點擊『Set Key』按鈕，以關閉設定關鍵影格功能。

k. 這樣就完成了物件消失的動畫了，您可以在其他視埠透過拖曳時間滑桿來檢視此一消失的動畫。

△ 第 80 格

△ 第 90 格

04 再次點擊時間軸中央下方
STEP 的鎖頭按鈕,取消物件鎖
護功能。

這樣整段動畫就完成了,三個棋子的動畫關係如下表。

	0～15	25～35	50～60	60～70	70～80	80～90
馬	移動					
帥		移動				消失
包			上升＋移動	下降＋移動	靜止	下降

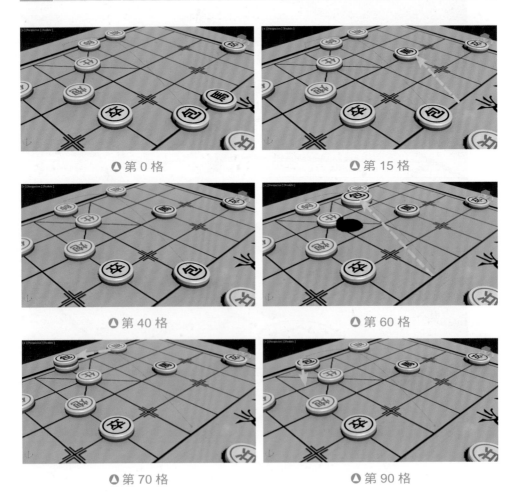

◔ 第 0 格   ◔ 第 15 格

◔ 第 40 格   ◔ 第 60 格

◔ 第 70 格   ◔ 第 90 格

14-3　貼附路徑的動畫製作

在本章節，您將學到下列內容：

✓ PathDeform 的套用與調整

✓ PathDeform 動畫調整

14-3-1　PathDeform 的套用與調整

01
請開啟「PathDeform.max」範例檔案，在這個範例裡，我們要讓場景內的水柱，沿著水管的路徑蜿蜒前進。

02
檢視視埠區左側的快選視窗，目前的場景已經將不需要變動的物件進行凍結設定，僅留下「PipePath」與「Water」兩物件，前者是一條 Spline，後者是水柱物件。

03 貼附路徑的 Modifier：
STEP

a. 點選「Water」物件，加入名為「PathDeform (WSM)」的 Modifier，要注意的是必須要選擇 WORLD-SPACE MODIFIERS 類別下的「PathDeform」，千萬不要誤選為「PatchDeform (WSM)」。

b. 點擊 Parameters 捲簾內的『Pick Path』按鈕，接著點選「PipePath」當作路徑。

c. 按下『Move to Path』按鈕，使得水柱能貼上路徑。

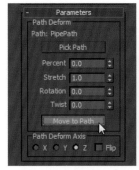

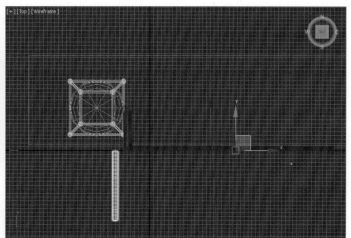

▶按下『Move to Path』
之前

▶按下『Move to Path』
之後

d. 勾選 Path Deform Axis 內的 Flip 選項，使水柱的起始點相反，由路徑的
起點開始進場，這樣才不會一開始就看到水柱。

⋯⫴ TIPS 小技巧

Flip 開關效果如下圖，您可以不用強記，直接開關測試，找出適合的狀態
即可。

Flip : OFF

Object　　　*Path*

Flip : ON

Object　　　*Path*

14-3-2 PathDeform 動畫設置

01 接著最重要的部分登場了，我們要讓水柱能沿著路徑動起來。

02 前進的動畫設置

a. 選取「Water」物件，並按下『Auto Key』按鈕，我們使用錄製的方式來產生動畫。

b. 拉動時間滑桿到第 240 格處，將 Percent 的數值調整為 100。

⊙ 第 0 格　　　　⊙ 第 240 格

c. 關閉『Auto Key』按鈕，按下播放按鈕，就可以看到水柱沿著管道流動了。

03 我們可以試著拉動時間滑桿到第 240 格處，並按下『Auto Key』按鈕，將 Percent 數值調整到大於 100，讓水柱在第 240 格處，整個流出畫面。

SUGGESTION 重點提示

要完成完美的 PathDeform 動畫，必須要將模型平行於路徑上的 Segments 數量提高，以免在模型路經彎曲區段時產生不平滑的狀況。

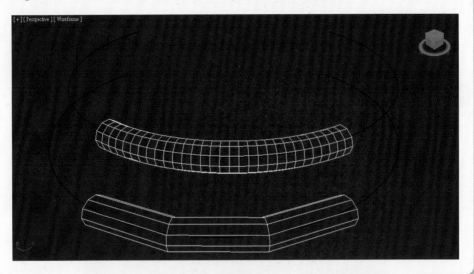

I5-I 路徑約束動畫製作

在本章節，您將學到下列內容：

✓ 路徑動畫製作

✓ 非連續性的連結關係

✓ 動作微調

15-1-1 場景準備

01 開啟「PathConstraint.max」範例檔案。此場景是一個玩具角落，我們要讓小飛機沿著一條路徑飛行，並架設一部攝影機跟著它，最後讓小飛機獨自往前飛，在兩個海灘球間轉彎離開我們的視野。

02 為了將來操作方便，我們要凍結牆面、地板、玩具（除了小飛機）。

a. 在左邊的快選視窗內，配合 Ctrl 按鍵，選取除了「Airplane」與「Fly-Path」以外的所有物件。

b. 在快選視窗內點擊滑鼠右鍵，點選「Properties」選項。

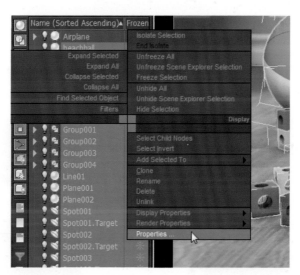

c. 取消勾選「Show Frozen in Gray」
選項，並勾選「Freeze」選
項，最後按下『OK』按鈕，
將這些物件凍結。

15-1-2 攝影機架設

01 接下來我們要建立一部攝影機，在左下方的 Perspective 視埠上點擊滑
鼠右鍵，切換到此視埠內。

02 按下鍵盤上的『Ctrl+C』按鍵，依照此一
透視視景建立一部攝影機。

03 將此攝影機更名為「CAM」。

15-1-3 路徑約束動畫製作

01 我們要讓小飛機（Airplane），沿著「Fly-Path」路徑移動，為了能讓將
來小飛機的飛行能更靈活，我們不會直接將小飛機約束到路徑上。

02 在 Command Panel 面板上，切換到 Create > Helper
選項，按下『Dummy』按鈕。

03 在 Top 視埠上拖曳出一個虛擬方塊（Dummy001），此一方塊的大小沒
有意義，也無法被彩現出來，僅僅是個虛擬物件。

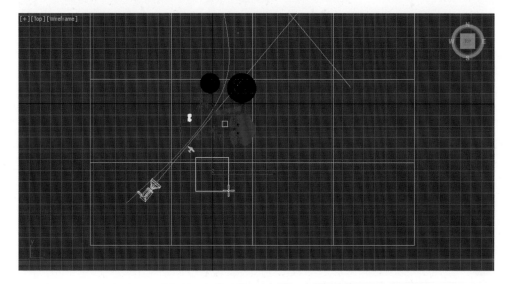

04 保持「Dummy001」虛擬物件在選取狀態下，點選下拉選單「Animation > Constraints > Path Constraint」。

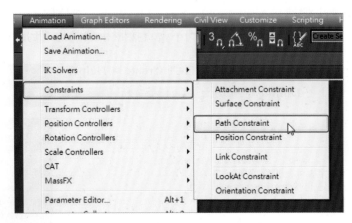

05 將虛線拖曳到「Fly-Path」路徑上，完成路徑的約束。

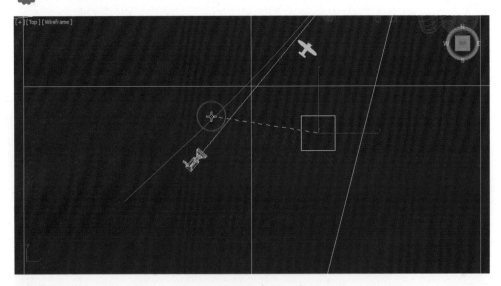

06 此時拖曳 Timeline 上的時間滑桿，您可以在視埠內看到此「Dummy 001」物件沿著路徑移動。

07 在 Motion 面板內勾選「Follow」選項，使「Dummy
001」能順著路徑彎曲自動改變自身的角度以吻合
曲線切線的方向。

15-1-4 飛機的位置調整與連結

01 點選「Airplane」（小飛機），按下 Main Toolbar 上的 ▊ 『Align』按鈕。

02 接著點選 Dummy001 物件。

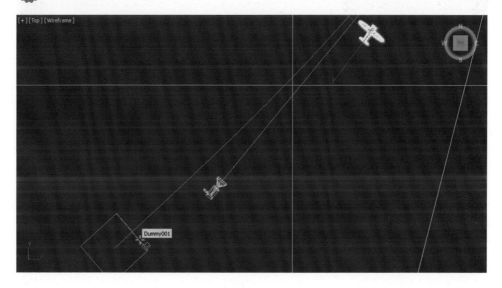

03 勾選 X Position、Y Position、Z Position 三個選項,並將對齊位置設定
STEP 為 Center → Center,按下『OK』按鈕確定,將小飛機的中心點對齊到
「Dummy001」的中心點位置。

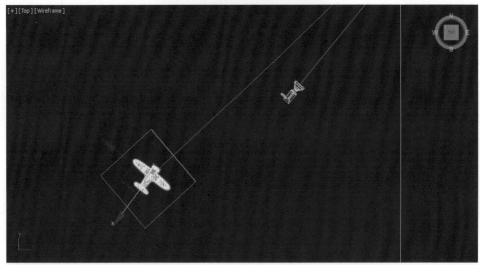

04 使用旋轉功能，水平旋轉小飛機，使之機頭對準前方。

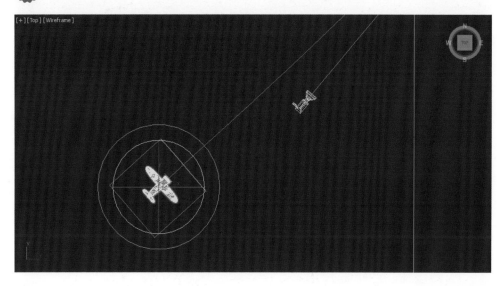

05 保持小飛機在選取狀態下，按下 Main Toolbar 上的 『Link』按鈕，拖曳到「Dummy001」物件上完成連結，此時小飛機就能跟著「Dummy001」物件移動了。

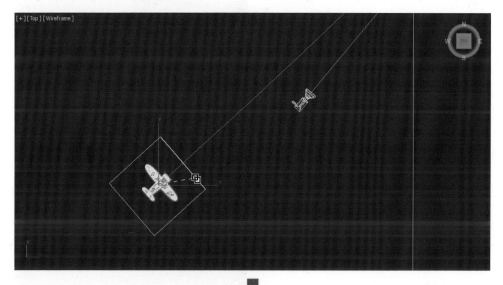

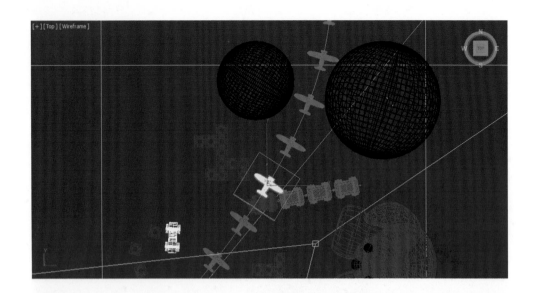

15-1-5 設定動畫長度

01 STEP 目前整段動畫只有 100 格,約 3.3 秒,我們要將之等比例拉長到 12 秒。

02 STEP 點擊『Time Configuration』按鈕。

03 STEP 在 Time Configuration 視窗內,按下『Re-scale Time』按鈕。

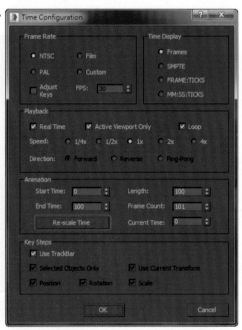

04 於 Re-scale Time 視窗內，將 End Time 欄位數
值調整為 360，接著按下『OK』按鈕，接著按
下 Time Configuration 視窗內的『OK』按鈕。

05 此時動畫總長度拉長為 360 格了。

15-1-6 非連續性連結設定

01 目前的攝影機是固定不動的，在攝影機視埠內也僅能單調的看到小飛機
往前飛走。

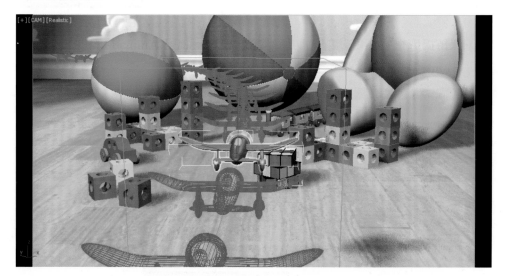

02 我們要來加上一點視覺張力，讓小飛機飛到攝影機前面時，攝影機能夠
跟隨著小飛機運動，最後攝影機停下不動讓小飛機飛走。

	Frame 0	Frame40	Frame180	Frame360
攝影機狀態	不動		跟隨	不動

03 請將時間滑桿拉到最左邊影格 0 處。

04 點選攝影機（CAM），在 Command Panel 面板內取消 Basic 捲簾內的「Targeted」選項，將此攝影機改為 Free 模式。

05 勾選 Perspective Control 捲簾內的「Auto Vertical Title Correction」選項。

06 保持攝影機在選取狀態，切換到 Top 視埠；執行 Animation > Constraints > Link Constraint。

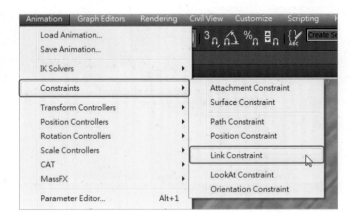

07
STEP 將虛線拖曳到「Dummy001」虛擬物件上。

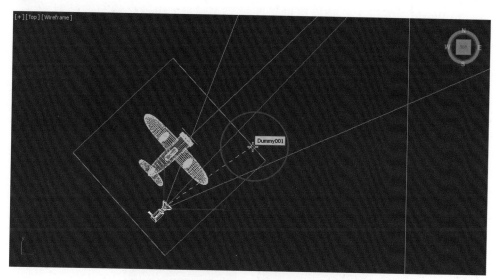

08
STEP 在 Command Panel 面板內，切換到 Motion 標籤面板，此時 Link Params
捲簾內表示 Frame 0 處連結的對象是「Dummy001」虛擬物件。

09 此時按下『Delete Link』按鈕，解除自動產生的連結狀況，再按下『Link to World』按鈕，此時攝影機是連結到 World，也就是沒有連結對象。

10 拖曳時間滑桿到第 40 格，按下『Add Link』按鈕，點選 Dummy001 虛擬物件。

11
STEP 拖曳時間滑桿到 180 格處，按下『Link to World』按鈕，解除對「Dummy 001」虛擬物件的連結關係。

12
STEP 此時攝影機與虛擬物件的連結關係就完成了，您可以按下『Play Animation』按鈕播放整段動畫。

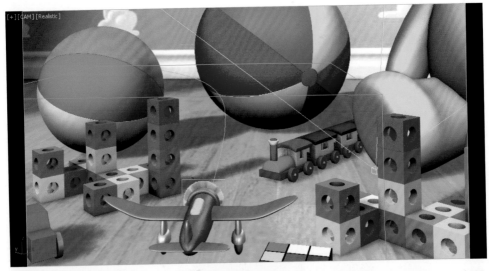

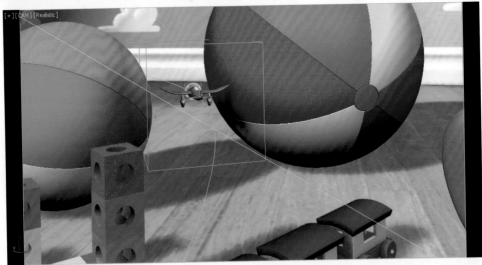

13 再次使用 Time Configuration > Re-scale Time 功能，將動畫等比例縮短
STEP 到 300 影格，讓整段動畫節奏較快。

15-1-7 動作微調

01 點選「Airplane」小飛機，按下『Auto Key』 按鈕。
STEP

02 按下『Select and Rotate』按鈕，並使用 Local 參考座標系統。

03 在攝影機視埠內，當小飛機出現在視埠內時，沿著 X 軸，左右稍微旋轉，營造出小飛機左右擺動的小動作，一邊拖曳時間滑桿，一邊左右旋轉微調，一路調整到飛機要轉彎處。

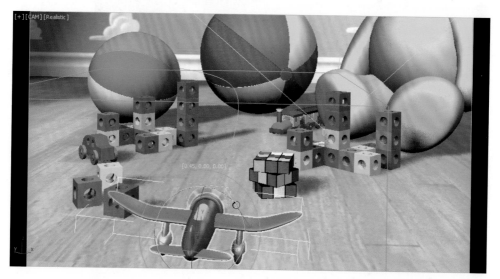

04 到了轉彎處，讓小飛機逆時鐘旋轉傾斜，完成整段的動畫。

⚠ Frame 40

◀ Frame100

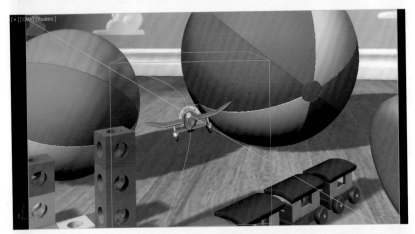

◀ Frame180

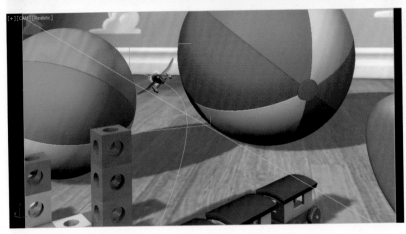

◀ Frame240

15-2 動畫的進階編輯

在本章節，您將學到下列內容：

✓ Curve Editor 動畫編輯視窗

✓ 跳棋彈跳動畫

✓ 漸快、漸慢設定

15-2-1 Curve Editor 動畫編輯視窗

01 Curve Editor 動畫編輯視窗

a. 開啟「CheckersJump.max」範例檔案。

b. 先選取跳棋 Yellow-001，接著點擊 Main Toolbar 上的『Curve Editor』按鈕。

c. 開啟的 Curve Editor 如下圖。

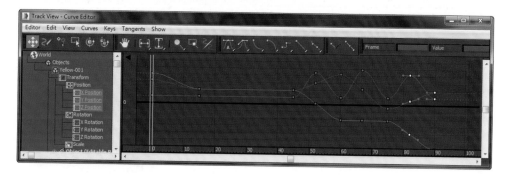

15-2-2 跳棋彈跳動畫

01 修正彈跳壓縮的基準點

a. 點選跳棋 Yellow-001，切換到左下方的 Front 視埠， 並按下下方的『Isolate Selection』開關，暫時隱藏其 他物件模型。

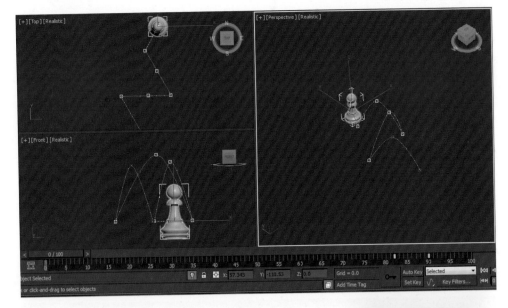

b. 在 Command Panel 面板內，切換到「Hierarchy」 面板，並按下『Affect Pivot Only』按鈕。

c. 按下 ⊕ 移動工具按鈕，將 Pivot 沿著 Y 軸移動到跳棋的底部。

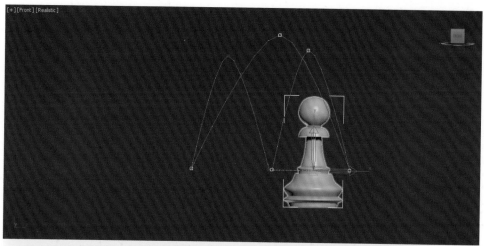

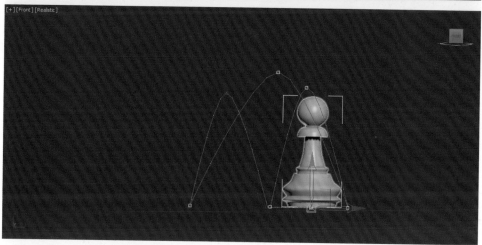

d. 關閉『Affect Pivot Only』按鈕。

02 跳棋跳起前縮放動畫
STEP

a. 按下『Auto Key』按鈕來錄製
動畫。

b. 切換到等體積縮放模式。

c. 拖曳時間滑桿到第 3 格處，在 Front 視埠內，沿著 Y 軸往下壓縮跳棋約
20%。

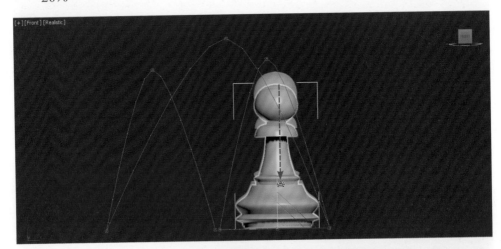

d. 打開 Curve Editor 視窗，點
選左邊階層視窗內 Yellow-
001 下的 Scale 位置。

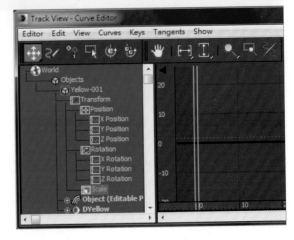

e. 於右方曲線編輯視窗內，以框選的方式選取三個 Keys。

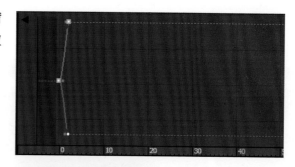

f. 按住 Curve Editor 工具列上的移動工具，切換到水平移動模式。

g. 按住第 0 格上的 Key，向右移動到第 37 格處，使縮放動作由第 37 格開始。

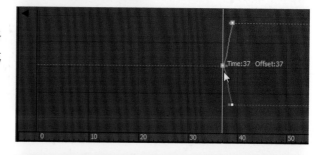

h. 框選第 1 個 Key，按住 Shift 按鍵，使用水平移動方式，拖曳到第 42 格處，以複製的方式回復到原始的物件大小。

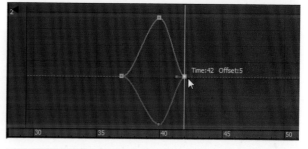

03 修改跳棋貼地時間

a. 因為跳棋變形的時候，全程會緊貼地面，因此必須修正 Position 列上的動畫曲線。

b. 按住 Shift 點選 Curve Editor 視窗左側階層視窗內的 X Position、Y Position、
Z Position。

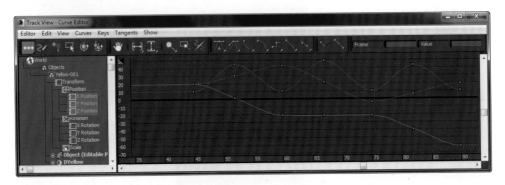

c. 以框選的方式，選取最左邊的一組 Key。

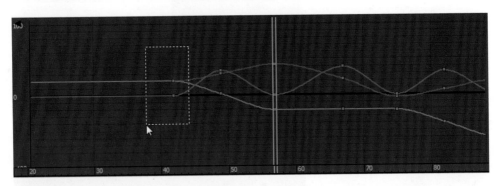

d. 按住 Shift 按鍵，以水平移動模式，向左移動 5 個影格（複製到第 37 格
處）。

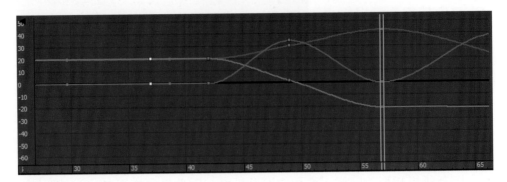

e. 依照下表,將相關的 X、Y、Z Position 上的 Keys 調整好。

影格位置	37～42	49	57～62	69	77～82	89	97 之後
線型	水平	最高點	水平	最高點	水平	最高點	水平

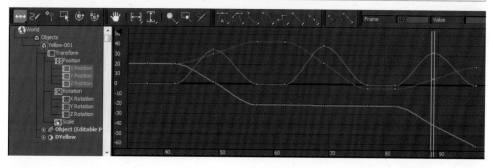

04 循環彈跳
STEP

a. 因為此一跳棋會彈跳三次,所以我們希望它能重複執行壓縮變形的彈跳動作。

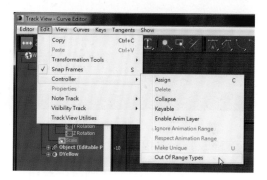

b. 點選階層視窗內的 Scale 列,執行 Edit > Controller > Out Of Rang Types 項目。

c. 於 Param Curve Out-of-Range Types 視窗內,按下 Cycle 的右下方 Out 按鈕,而 In 的部分則保留在 Constant 項目下,表示在 Scale 列中,第 1 個 Key 之前不循環,之後的所有 Keys 不斷以 Cycle 的方式循環播放。

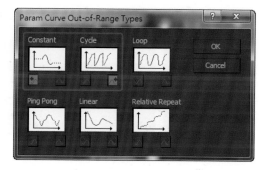

d. 此時縮放的動作不斷的重複，為修正此一錯誤，請框選第 37 格處的
Keys，按住 Shift 鍵向右水平移動至第 57 格處。

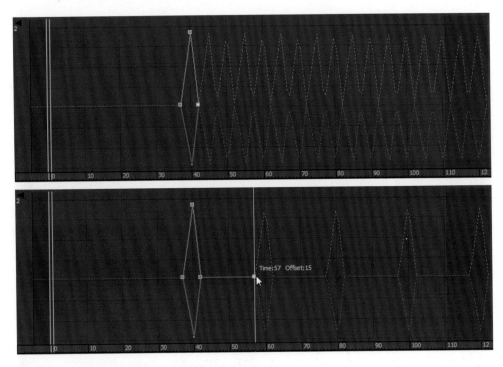

05 修改彈跳高度

a. 由 Front 視埠中，我們發現跳棋 Yellow-001 跳起的高度都不一樣，我們
要將跳起的最高點高度修改成一樣。

b. 切換到 Curve Editor 視窗中左側階層視窗中的 Z Position。

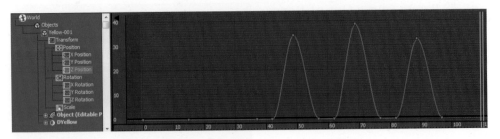

c. 點選第一個最高點的 Key，可以在右上角的 Frame 欄位後看到目前是位於第 49 格，Value 值就是目前的高度（Z 值）。

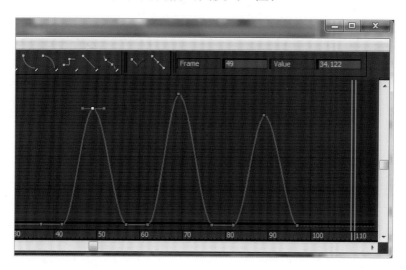

d. 在 Value 欄位內輸入 40。

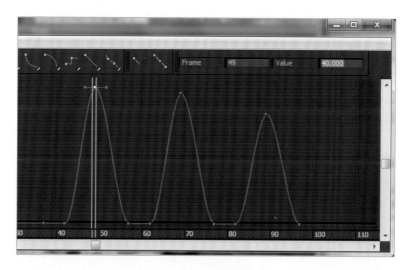

e. 依序點選另外兩個 Keys，Value 數值均設定為 40，您也可以一次框選三個 Keys，一次設定好。

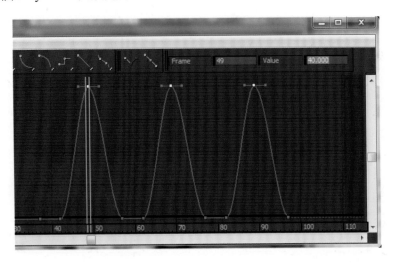

15-2-3 漸快、漸慢設定

01 通常物件的移動是不會突然加速到最快，也不會急速煞車，除非您想製作出較戲劇、卡通的效果。

02 Position 部分的設定

a. 打開 Curve Editor 視窗，點選跳棋 Yellow-001 的 X、Y、Z Position 列。

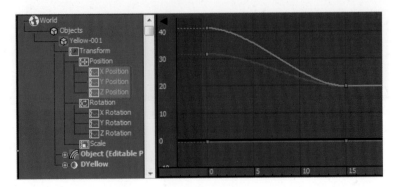

b. 框選第 0 格上的三個 Keys，在任一個 Key 上點擊滑鼠右鍵，開啟其參數視窗。

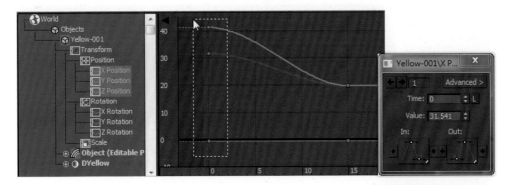

c. 分別按住視窗內的 In、Out 按鈕，將之改為「Slow」。

d. 依照此一方法，分別將跳起來的瞬間對應的 Keys 設定為 In：Fast，Out：Fast，最高點的瞬間設定為 In：Slow，Out：Slow。

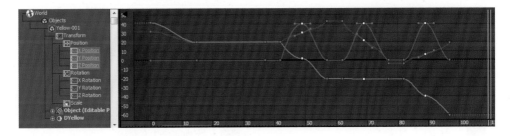

03 Scale 部分的設定
STEP

a. 於 Curve Editor 視窗，點選跳棋 Yellow-001 的 Scale 列。

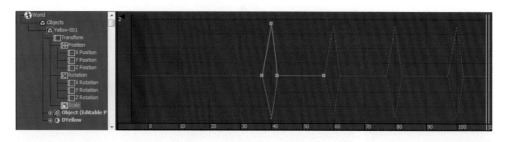

b. 框選所有的 Keys，於任一個 Key 上點擊滑鼠右鍵，設定其漸快、漸慢
模式為 In：Linear，Out：Linear。

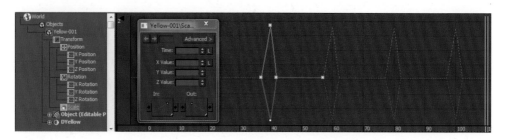

···) SUGGESTION 重點提示

Keys 的漸快（Fast）、漸慢（Slow）觀念，源自於運動中的物體，除了機
械的運動式等速外，多是以「漸漸加速→等速 漸漸減速」的方式來運動。

🔺 等速運動

🔺 加速→等速→減速

在 3ds Max 裡，加減速的圖示為：

⬛ ：Auto（自動）

⬛ ：Spline（自訂曲線）

⬛ ：Fast（加速漸快）

⬛ ：Slow（減速漸慢）

⬛ ：Stepped（往復，瞬間移動）

⬛ ：Linear（線性，等速度）

⬛ ：Smooth（平滑）

15-3 Dope Sheet（分鏡表）模式　課程概要

在本章節，您將學到下列內容：

✓ 切換使用 Dope Sheet（分鏡表）模式

✓ 調整某個物件的動畫速度

15-3-1 切換到 Dope Sheet（分鏡表）模式

01 開啟「Windmill.max」範例檔案，場景內的風車葉片旋轉，是由「Dummy 001」虛擬物件帶動的；左右擺動的部分，是由「House」物件控制的。左邊灰色風車的動作與右邊彩色風車動作完全相同，是拿來做動畫修改前後比較之用。

02 點擊 Main Toolbar 上的 『Curve Editor』按鈕,開啟 Curve Editor 視窗。

03 點擊 Editor 下拉選單中的「Dope Sheet …」選項,將視窗切換為分鏡表模式。

15-3-2 調整物件動畫的起迄點

01 點選「House」物件,按下 Dope Sheet 視窗列上的『Edit Ranges』按鈕,此時右下方區域內會出現一條頭尾有白色控制點的黑線,兩白點之間為該物件所有關鍵影格的範圍。

02 在左側清單內找到「House」，並點擊前面的 + 符號以展開細項，在此
STEP 我們會發現 Rotate 動畫軌上有一條起於 20 影格，迄於 90 影格的黑
線，表示在此範圍內有旋轉動畫存在。

03 點擊並拖曳該黑線的白色方塊起點，將之拖曳到第 30 格處，這將使得
STEP 此動畫長度縮短，由第 30 格開始，於第 90 格結束。

15-3-3 縮放關鍵影格

01
點選場景內的「Dummy001」物件，並於 Dope Sheet 視窗內點擊『Edit Keys』按鈕。

02
展開 Dope Sheet 視窗內左側清單區內的 Dummy001，此時我們會發現 Dummy001 的動畫是位於 X 軸向上。

03
框選此動畫軌上的三個綠色標記（關鍵影格），並保持時間滑桿位於第 0 格處。

04 按下 Dope Sheet 視窗工具列上的  『Scale Keys』按鈕。

05 向左拖曳第三個標記（關鍵影格），約 84％左右，同時您會發現位於中間的標記也會稍微向左移動。

06 這樣一來風車葉片旋轉的速度就加快了，此時可以按下動畫播放鍵，來跟左邊的灰色風車比較一下速度的差異。

07
STEP
利用這個功能可以快速的複製、調整出如下速度快慢不一個風車群。

15-4 Populate 人物流動畫 　　課 程 概 要

在本章節，您將學會下列內容：

√ Populate 人物流基本知識

√ Populate 人物流動畫製作

√ Populate 人物流動畫調整

15-4-1 Populate 人物流動畫介紹

01
STEP
如果我們要讓一個建築場景更生動、更有說服力，就必須把「人」加進去。在以往必須藉由一些外掛程式將人物加進去，或是將動畫彩現出來後，藉由後製軟體（例如 After Effects）來作人物的合成；不管如何在整合上總是很不理想、不方便。

02 3ds Max 為此提供了一個很有用的工具：Populate，操作簡易、彈性大，任何人都可以快速的產生高品質的人物合成動畫。

◆ 圖片摘 3ds Max Help 文件

15-4-2 Populate 人物流動畫製作

01 開啟「Populate.max」範例檔案，此場景背景拍自嘉義高鐵站，其中已經建置好一塊地板，我們要在此範圍內來設定人物流動畫。

02 點選 Ribbon 面板工具上的 Populate 標籤，並按下右側的向下展開按鈕
以展開 Populate 面板。

03 調整人物流寬度為 2.000，並按下『Create Flow』按鈕。

04 在地板左側點擊一下，滑鼠移到右側再點擊一下，按滑鼠右鍵結束建立
一道人物流。

05 調整人物流寬度為 1.500，並按下『 Create Flow 』按鈕。
STEP

06 從遠處建立一條垂直的人物流，這次將人物流轉折向右後再點擊滑鼠右
STEP 鍵結束人物流的建立。

SUGGESTION 重點提示

如果您建立的人物流，沒有如下圖所示的線條與藍、紅標示點，表示人物流的比例尺寸太大了，您可以執行 Scripting > Run Script…，點選執行光碟內本範例目錄下的「scale_populate.ms」腳本檔案來縮小 Populate 的產生比例。

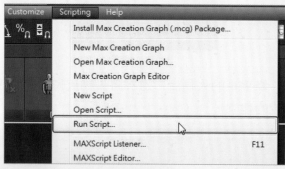

15-4-3 修改 Populate 人物流

01 點選第一條水平的人物流，按下『Edit Flow』
STEP 按鈕。

02 使用移動工具，點選並水平拖曳人物流的兩端
STEP 到畫面之外，讓人物由鏡頭外產生。

03 修改完成後，請點擊滑鼠右鍵關閉『Edit Flow』按鈕。
STEP

04 點選第二條垂直的人物流，按下『Edit Flow』
STEP 按鈕。

05 先調整轉彎後的終點，將之移動到鏡頭之外。
STEP

06 目前的人物流都是走直線的，我們要加上幾條橫切線，來改變人物流的
走向，讓將來產生的人物可以轉折走動。

07 按下『Add to Flow』按鈕，此時游標在中心
線上移動時，會有一條綠線隨著游標移動，在
適當的位置點擊，加上兩條橫切線。

08 使用移動工具水平拖曳下圖兩條橫切線，來調整人物流走向。

⋯⫶ TIPS 小技巧

請特別注意調整時，千萬要「水平」移動起點、終點、橫切線，以免將來
人物往天空上、地底下走了。

09
STEP 此時，可以按下『Simulate』按鈕進行模擬人物產生作業。

10
STEP 經過一段時間的計算，就可得到人物流移動的動畫。

15-4-4 人物流參數修改

01
STEP 點選任一條人物流，在 Command Panel 上會顯示可調整之參數。

02
STEP 以下列出各參數的功能：

a. **Width**：人物流寬度。

b. **Land Spacing**：行人間的距離。

c. **Direction: Hug Right**：行人行走方向（同方向、反方向、靠左 / 右走的比例）。

d. **Density**：人數多寡。

e. **Slow/Fast**：走路的速度快慢調整。

f. **Running**：拉桿可調整跑步的人數比例。

g. **Male/Female**：拉桿可調整男女比例。

03 您可以依照自己的希望來調整。

04 按下『Delete People』按鈕，刪除所有人物，重新按下『Simulate』按鈕進行模擬人物產生作業。

╍╅┉ **TIPS 小技巧**

您可以注意到，人物流重疊的地方，人物靠近時會自行調整速度以避免相撞的情況發生，非常的聰明。

15-4-5 建立停留區

01 我們可以指定某些區域的人物是不移動的，也許在休息，也許在等人。

02 拖曳出停留區（可搭配移動、旋轉工具來調整位置、角度）。

a. 按下『Create Free Idle Area』按鈕，可以拉出自訂外型的停留區。

b. 按下『Create Rectangle Idle Area』按鈕，可以拉出矩形的停留區。

c. 按下『Create Circle Idle Area』按鈕，可以拉出圓形的停留區。

03 於 Command Panel 面板內，可以自由修改各個停留區的人物參數，使其符合我們的需求。

a. **Density**：人數多寡。

b. **Singles or Groups**：單人與群組的比例。

c. **Group 3s or Group 2s**：三人成組與兩人成組的比例。

d. **Males or Females**：男女的比例。

e. **Orientation**：人物的方向，會受到 Spread 的影響。

f. **Spread**：人物方向的變化，拉桿位於最左端表示人物面朝同一方向，拉桿位於最右端人物的方向最混亂。

04 按下『Simulate』按鈕進行最終的模擬人物產生作業。

CHAPTER

16 動畫輸出

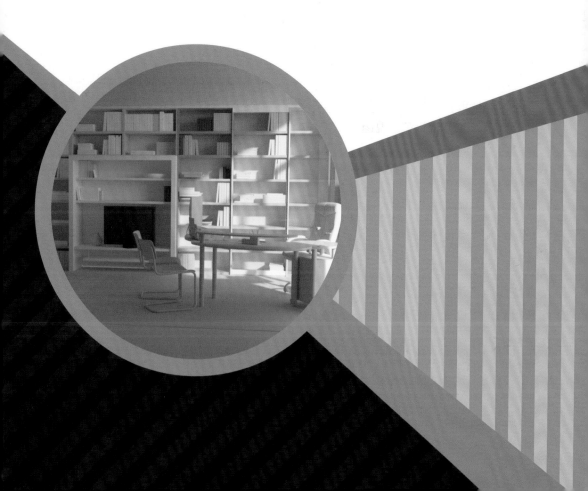

16-1 基礎動畫輸出

在本章節，您將學到下列內容：

✔ 輸出規格介紹

✔ 靜態圖片與動畫的輸出

✔ 常用的動畫格式

✔ Render Frame Window 使用

16-1-1 輸出規格介紹

　　想要將辛辛苦苦製作的動畫輸出成為一般人可以欣賞的圖片、影片，並不是只要按下 Main Toolbar 上的茶壺按鈕就可以了，必須要依據最後播出的媒體的種類的不同作相對應的設置。

01 按下 Main Toolbar 內 的『Render Setup』 按鈕，可以打開彩現輸出的細部設定視窗。

02 我們先來看看 Output Size 欄
STEP 位內的設定；這裡可以設定最
後成品的尺寸大小，預設值
是 640*480，單位是 Pixel（像
素）。在「Custom」下拉清單
內可以挑選其他的尺寸，在這
裡我們介紹幾個常用的設定
值：

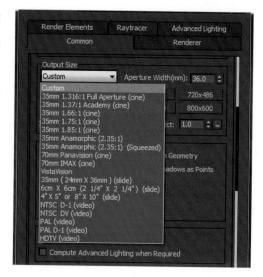

a. **Custom**：預設值的 640*480，或是 320*240 是製作多媒體光碟常用的
尺寸大小。

b. **NTSC D-1**：電視使用的規格，尺寸大小為 720*486，每秒播放 30 個
Frame。主要使用的地區為—台灣、北美、日本。

c. **NTSC DV**：DVD 使用的規格，除了尺寸大小為 720*480 外其餘與 D-1
相同。

d. **PAL D-1**：電視使用的規格，尺寸大小為 720*576，每秒播放 25 個
Frame。主要使用的地區為—中國、中南美、歐洲。

e. **HDTV**：高解析度數位電視的規格，尺寸大小為 1280*720 或 1920*
1080。

💬 SUGGESTION 重點提示

1. 一定要先確認最後播放的媒體種類再開始製作動畫，否則很容易陷於畫
質不良或是必須重新製作的窘境。

2. 每秒播放的影格數，通常稱為 FPS（Frame per Second）。

16-1-2 靜態圖片與動畫的輸出

01 靜畫的輸出：
STEP

a. Max 預設值是輸出靜態圖片，當我們按下 Main Toolbar 上的茶壺按鈕，就是輸出目前時間點上的場景狀況，其尺寸大小就是套用 Output Size 欄位內的尺寸設定。

b. 我們可以直接按下或是「Render Setup」視窗內右上角的『Render』按鈕，Max 將會把目前使用中的視景彩現出來。

⊹ TIPS 小技巧

您可以選擇『Rendered』按鈕下方的 View to Render 下拉清單內挑選要彩現的視景（通常是 Camera 視景），並按下右邊的鎖頭符號將之鎖定，這樣就不怕輸出的視景是錯誤的了。

c. 當輸出的結果視窗出現並且彩現完畢，我們可以按下左上角的磁片按鈕，輸入檔名與存檔類型將之儲存成為圖檔。

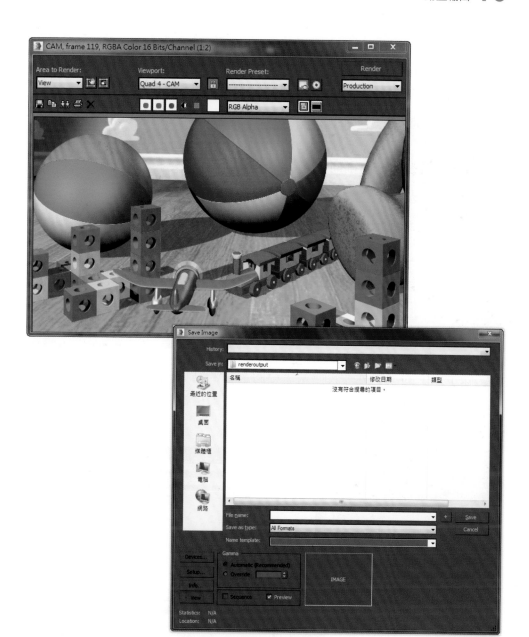

02 動畫輸出：
STEP

a. 當我們要將場景上的動畫輸出時，除了設定輸出動畫的大小外，還要作
一些輸出的設定。

b. 首先我們必須勾選 Time Output 內的「Active Time Segment：0 To xxx」。

c. 如果我們只需要輸出其中一段動畫的話，可以勾選 Range，並設置輸出的影格範圍。

d. 除了以上的設定外，我們還需要將最後的結果儲存起來；點擊 Render Output 欄位內的『Files...』按鈕。選擇動畫檔存放的路徑、檔名，並且指定存檔格式。

16-1-3 常用的動畫格式

1. **MOV QuickTime File（*.mov）**：這是 Mac 電腦使用的動畫格式。在
PC 上也可以透過安裝免費的 QuickTime 播放器來播放動畫，也是多媒
體界最常用的動畫格式。

a. 我們可以按下『Setup』按鈕作編碼器的選擇，選擇適合的編碼器
（Codec），編碼器將會對動畫作壓縮的動作，可以得到高畫質且小巧的
檔案；在品質的選項內，可以讓我們自行設定所需的畫質優劣，畫質越
佳檔案將會越大喔！

b. **QuickTime** 常用的編碼器有：MPEG-4 Video、H.264。

2. **AVI**：這是 Windows 預設使用的檔案格式，好處是在 Windows 平台上的相容性高，缺點是預設的格式老舊，無論在畫質、壓縮率上都已經落伍；不過最近微軟發展的 MPEG-4 編碼器，無論在畫質、壓縮率上都有突出的表現，也成為網路上流行的格式之一。

a. 同樣的我們可以在選擇 AVI 格式後，按下『Setup』按鈕，作畫質與編碼器的設定。

b. Cinepak Codec by Radius、Indeo Rvideo 5.10、Microsoft Video 1 這些都是比較老舊的編碼器。如果您的電腦裡安裝了 MPEG-4 的編碼器，MAX 將會自動在 Compressor 清單中將之列示出來供我們挑選，像是 DivX.MPEG-4、Xvid…等等。

3. **連續圖檔（Sequence）**：除了可以將動畫輸出為一個動畫檔案外，我們
還可以將每一個影格獨立輸出為一張張圖片檔，像是 JPEG、TGA、
TIFF、RLA、RPF 等格式。

a. 只要在「存檔類型」內指定靜態圖檔類型。

b. 按下『Render』按鈕之後就可以得到一連串檔名末加上流水號的圖檔。

16-1-4 Rendered Frame Window

3ds Max 提供了一個整合性的視窗「Rendered Frame Window」，來進行快速參數調整、彩現預覽。

點擊 Main Toolbar 上的 [⬚] 按鈕，就可以開啟 Rendered Frame Window 視窗。

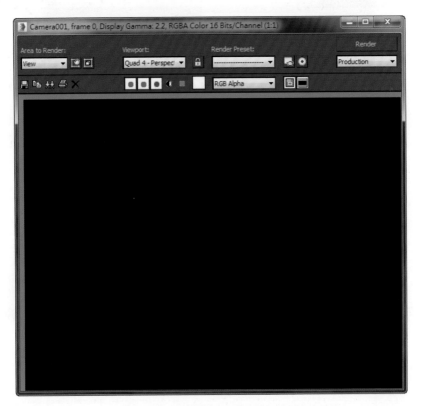

一、Rendered Frame Window 之操作

01 區域彩現：可對視埠作彩現範圍調整。
STEP

a. **彩現範圍**：可快速切換全景彩現或是部分彩現。

○ Region 選項彩現結果

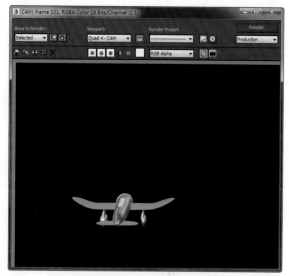

○ Selected 選項彩現結果

b. **調整部分彩現之區域** ：作部分彩現時可調整 Region、Crop、Blowup 等選項。

c. **Render Setup**：打開 Render setup 視窗，與按下主工具列上的 Render Setup 按鈕圖示相同。

02 視埠選項：可選擇欲彩現的視埠。
STEP

a. 選取彩現視埠：可選取欲彩現的視埠名稱。

b. 固定彩現視埠 🔒：按下此一鎖定按鈕後，無論目前在哪一個視埠中操作，都會以所鎖定的視埠來彩現。

c. **Render Setup**：打開 Render Steup 視窗，與按下主工具列上的 Render Steup 按鈕圖示相同。

d. **Environment and Effects**：

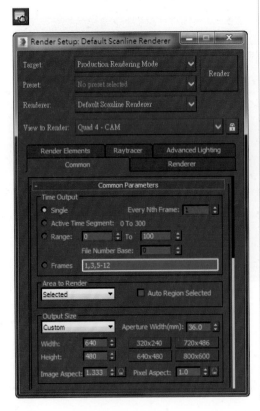

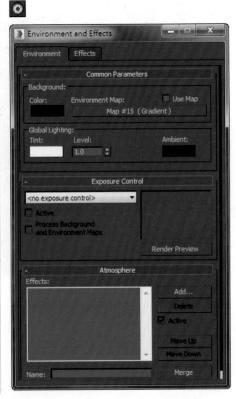

03 影像輸出功能

a. **儲存影像**：將彩現的結果儲存
為影像檔案。

b. **複製影像**：將影像複製到剪貼
簿內，以方便將影像貼到其他
應用程式內。

c. **複製一個 Rendered Frame Windows 視窗**：將目前彩現視窗複製一個，
以方便比較彩現結果時使用。

d. **列印影像**：彩現的結果列印出
來。

e. **清除彩現視窗**：將目前彩現視
窗內之彩現結果清除。

04 檢視色版：切換 R、G、B、Alpha、monochrome 等色版顯示。

a. **RGB** 三色色版檢視：

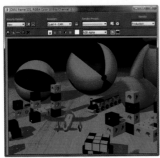 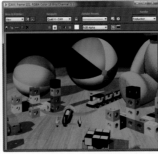 

⚫ 紅色色版   ⚫ 綠色色版   ⚫ 藍色色版

b. **Alpha** 色版：在 Alpha 色版裡可
以清楚的辨別出透明（黑色）、
不透明（白色）、半透明（灰
色）。

▶ 請關閉 plane02 物件的顯示

c. 單色色版：Monochrome 色版，
以灰階方式檢視彩現之影像。

16-2　NVIDIA iray 彩現引擎

16-2-1 切換彩現引擎

01 開啟「NVIDIA iray.max」範例檔案。此檔案在 13-1 章節使用過，當時
使用的彩現引擎為「NVIDIA metal ray」，metal ray 可以彩現電影般的
高品質成品，但是必須付出長時間等待的代價。

02 除此之外，如果我們的作品有截稿期限，但害怕到期限前 metal ray 無
法完整跑完整個彩現作業，導致無法如期交件，這樣再好的彩現品質都
沒有實際的價值，因此如果我們有時間的壓力，可以改採另一種彩現引
擎 NVIDIA iray 來進行輸出。

03 點擊 Main Toolbar 上 的
『Render Setup』按鈕，展開
Common 頁籤內的「Assign
Renderer」捲簾。

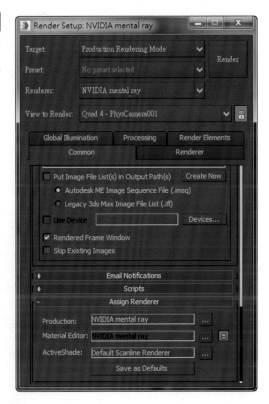

04 點選 Production 右側的選項按鈕，在 Choose Renderer 視窗內，點選
STEP 「NVIDIA iray」選項，並按下『OK』按鈕，這樣就完成切換彩現引擎
的動作了。

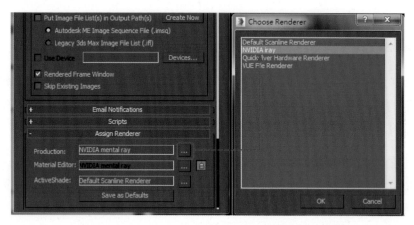

16-2-2 NVIDIA iray 彩現的三種模式

01 在目前 Render Setup 視窗內的
STEP Renderer 頁籤面板，可以看到
三種彩現模式。

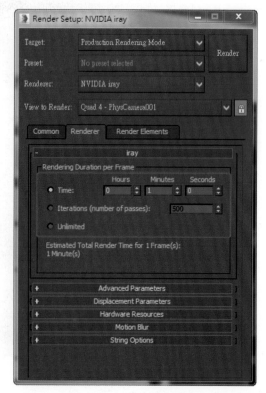

02 **Time：**設定彩現停止所經過的時間，在有限的時間內儘可能的進行畫
STEP 面的細緻化。

▶彩現 1 分鐘的
　成果

▶彩現 10 分鐘的
　成果

▶彩現 100 分鐘
　的成果

03 **Iterations（number of passes）**：設定重複計算的次數，此數字越高，彩現的結果越好，預設值為 500。

▶ Iterations=10 的成果

▶ Iterations=100 的成果

▶ Iterations=1000 的成果

04 **Unlimited**：不設定終止時間一直彩現下去，直到按下『Cancel』按鈕取消為止。

使用支援 CUDA 的顯示卡，能夠提高 iray 的彩現性能（CUDA 是 Compute Unified Device Architecture 的縮寫，即「統一電腦設備架構」），是由 NVIDIA 所推出的一種整合技術，透這個技術，使用者可利用 NVIDIA 的 GeForce 8 以後的 GPU 和較新的 Quadro GPU 進行硬體計算。

16-3　A360 雲端彩現　　課 程 概 要

在本章節，您將學到下列內容：

✓ Autodesk A360 概述與登入方式

✓ Autodesk A360 雲端彩現設定方法

16-3-1　A360 雲端彩現概述

01 STEP A360 是近年來 Autodesk 極力推動的一個「雲服務」，除了當作雲端硬碟來儲存專案檔案之外，而重要的是「雲端彩現」的服務。

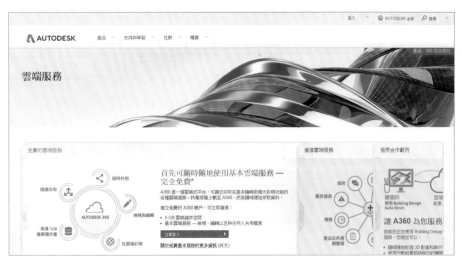

◎ http://www.autodesk.com.tw/360-cloud

02 A360 的特點為：
STEP

a. 有三種方式可以取得 A360 服務：

- 免費申請

- 隨附在 Maintenance Subscription 或 Desktop Subscription 中

- Cloud Service Subscription（請參考 http://www.autodesk.com.tw/360-cloud#tableLink）

b. 可免費申請 A360 服務，取得 5G 的雲端儲存空間，上傳的專案可以隨處存取，並與其他人共同檢視、編輯、共用，您可以先試用看看其服務的內容。

c. 採用購買「點數」，彩現時扣點的服務方式。分商業、教育兩種扣點方式。

d. 目前只支援彩現靜態圖檔，無法彩現動畫。

e. 靜態圖檔的上限為 4000x4000 像素。

f. 學生可以無限制使用雲端彩現的服務，但在尖峰時段（畢業季節前）會變得擁擠、緩慢。

16-3-2 登入 A360

01 點擊 Main Toolbar 上方的『Sign In』按鈕所展開的「Sign In to A360」
STEP 選項，在開啟的 Sign In 視窗內輸入 A360 的帳號密碼（需事先擁有或申請一個 A360 帳號），順利登入後原 Sign In 位置會出現您註冊時輸入的暱稱。

02 您可以在「Account Details」選項內檢視、編輯個人資料。

16-3-3 A360 雲端彩現實作

01 開啟「A360.max」範例檔案。
STEP

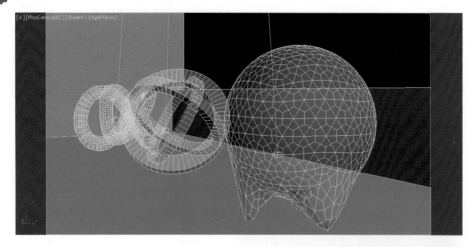

02 按下 Main Toolbar 上的『Render
STEP in Autodesk A360』按鈕。

03 在 Render Setup 視窗內，調整
STEP 以下選項，並按下『Test Scene
Compatibility』進行測試。

04 預設的測試結果，會跳出一個錯誤視窗，警告我們沒有選取欲彩現的攝
STEP 影機視景，按下『Close』按鈕關閉視窗。

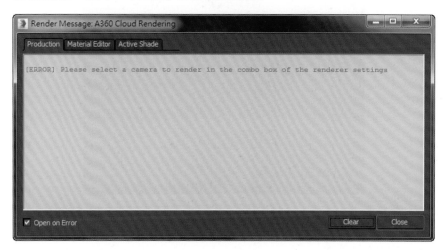

05 在 Views to Render 項目內的下拉選單中勾選「PhysCamera002」攝影機。
STEP

06 再次測試場景，這次沒有問題了。
STEP

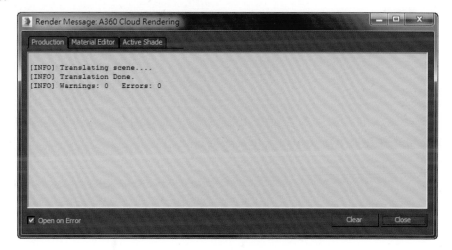

07 按下『Render』按鈕進行雲端彩現。

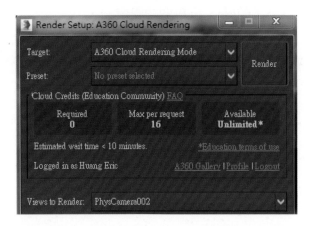

08 此時 3ds Max 會開啟瀏覽器，進行專案檔案上傳，並進行雲端彩現，您會發現速度非常快。

ꓕꓲꓯꓢ TIPS 小技巧

如果您之前沒有在瀏覽器登入過 A360 網站，並讓瀏覽器記住帳號密碼，A360 網站會再次跟您要求輸入帳號密碼。

09 滑鼠移動到縮圖上，會顯示彩現
STEP 結果圖檔的概述，點擊以檢視實
際的圖檔。

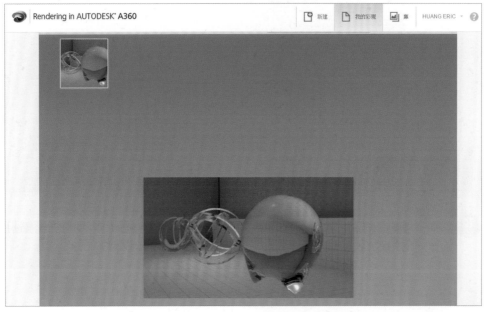

10 目前我們是採用小尺寸、低品質
STEP 的方式來做輸出測試。我們回
到 Render Setup 視窗，將輸出尺
寸、品質調高。

11 進行測試無誤後，再次按下『Render』按鈕進行雲端彩現，這次花的時
STEP 間比較久。

12 點擊『動作』下拉選單，點選「全部下載」選項，系統會詢問將壓縮打
STEP 包的檔案儲存的位置，此時可以選一個適當的磁碟機目錄供其儲存。

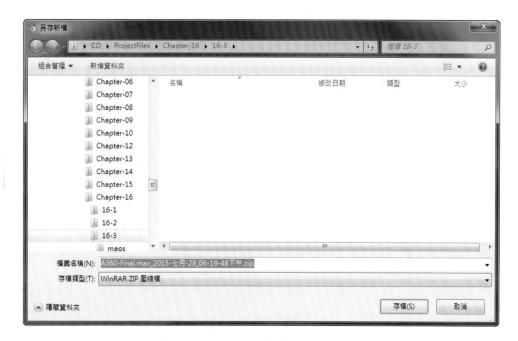

13
STEP
當下載完成，並解壓縮該檔案後，就可以得到一張 JPG 的成品圖。

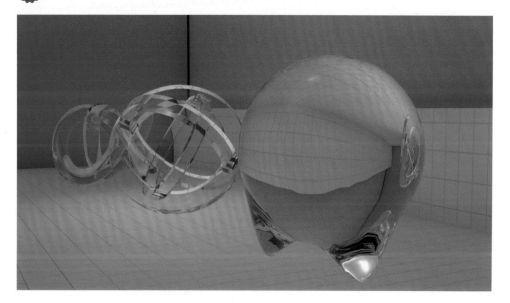

14 至此，您會發現 Autodesk A360 的服務非常方便、快速，雖然目前還有一些功能上的限制，無法百分之百與 3ds Max 無縫接軌，但對於一般使用者、學生已經綽綽有餘了，相信在不久的將來，使用者再也不用買十幾部電腦來進行網路彩現，甚是去租用昂貴的 Render Farm 服務，利用 Autodesk A360 的服務，就能達到提升生產力的終極目標了。

3ds Max 2016 動畫設計啟示錄

作　　者：黃義淳
企劃編輯：王建賀
文字編輯：江雅鈴
設計裝幀：張寶莉
發 行 人：廖文良

發 行 所：碁峰資訊股份有限公司
地　　址：台北市南港區三重路 66 號 7 樓之 6
電　　話：(02)2788-2408
傳　　真：(02)8192-4433
網　　站：www.gotop.com.tw
書　　號：AEU015500
版　　次：2015 年 11 月初版
建議售價：NT$550

國家圖書館出版品預行編目資料

3ds Max 2016 動畫設計啟示錄 / 黃義淳著. -- 初版. -- 臺北市：
　碁峰資訊, 2015.11
　　面；　公分
　ISBN 978-986-347-818-8(平裝)
　1.3D STUDIO MAX(電腦程式)　2.電腦動畫
312.49A3　　　　　　　　　　　　　　　　104020868

讀者服務

- 感謝您購買碁峰圖書，如果您對本書的內容或表達上有不清楚的地方或其他建議，請至碁峰網站：「聯絡我們」\「圖書問題」留下您所購買之書籍及問題。(請註明購買書籍之書號及書名，以及問題頁數，以便能儘快為您處理) http://www.gotop.com.tw

- 售後服務僅限書籍本身內容，若是軟、硬體問題，請您直接與軟體廠商聯絡。

- 若於購買書籍後發現有破損、缺頁、裝訂錯誤之問題，請直接將書寄回更換，並註明您的姓名、連絡電話及地址，將有專人與您連絡補寄商品。

- 歡迎至碁峰購物網 http://shopping.gotop.com.tw 選購所需產品。